20道資料
視覺化難題

全解析

提案、簡報、圖表、讓數據說話、35個案例現學現套用，
將訊息植入對方心智，讓大家都聽你的！

提案　簡報　圖表

簡報職人
劉奕酉——著

目錄

3 〔圖文篇〕一圖勝千文，善用圖像化降低溝通成本 056

4 〔圖表篇〕讓數據說話，更要用圖表說一個好故事 **176**

5 善用網路資源，
打造你專屬的素材庫 **282**

CHAPTER 1

資料視覺化，
讓溝通變得更容易

提案、做簡報、做圖表……都脫離不了視覺，好的視覺呈現可以幫助訊息傳達，降低理解門檻，提升溝通效率。比方說，在撰寫企畫書、向客戶提案與簡報時，需要透過視覺化圖表來強化說服力、或是利用流程圖與表格來說明時程規劃，同時也能提升專業形象感；對於從事社群經營、活動文案撰寫的行銷人來說，利用圖文懶人包來增加曝光、創造流量更是時下的熱門趨勢；近年很夯的斜槓工作者、自雇者，也需要視覺化的圖文創造來打造個人品牌，不只吸睛、更要吸金。

資料視覺化，不僅跨領域、跨平台，更具有跨國界的特性，讓彼此的溝通變得更容易了。

本章教你

☑ 為什麼需要資料視覺化？

☑ 我又不是設計師，資料視覺化跟我有關嗎？

☑ 用視覺化將訊息植入對方的心智

為什麼
需要資料視覺化？

>>> 視覺化是為了降低理解門檻，提升溝通成效！

資料視覺化，是透過視覺呈現或互動的手法，來增進我們理解資料的一種過程。

在我們的生活中早已充滿了資料視覺化的應用，道路上的交通號誌、手機裡的應用程式（Apps）與工作中的報告工具，讓人與人、人與機器、人與環境之間的溝通變得更容易、更有效率。

加上近年來，知識變現的風潮，各種圖文懶人包、知識圖卡總是能快速地抓住眾人的目光，資料視覺化也成為了知識萃取、內容變現不可或缺的條件之一。

吸睛、易懂、好傳播的特性

多數人對於視覺化內容的反應遠勝於文字。我們每天從外界接受、傳達到大腦中的資訊，超過九成屬於視覺化資訊，而且大腦處理視覺化資訊的速度，大概是處理文字資訊的六萬倍以上；面對海量的資訊，我們最先注意到的，肯定是視覺化的內容。

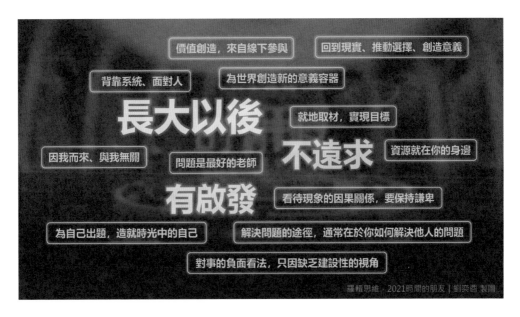

價值創造，來自線下參與

回到現實、推動選擇、創造意義

背靠系統、面對人

為世界創造新的意義容器

長大以後

就地取材，實現目標

不遠求

因我而來、與我無關

問題是最好的老師

資源就在你的身邊

有啟發

看待現象的因果關係，要保持謙卑

為自己出題，造就時光中的自己

解決問題的途徑，通常在於你如何解決他人的問題

對事的負面看法，只因缺乏建設性的視角

羅輯思維．2021時間的朋友｜劉奕酉 製圖

在網路社群中，最容易觸及受眾與被分享的，也是視覺化內容。將資料視覺化，更能吸引目光與注意力，在資訊大海中更容易被看見、快速理解。比方說，中國的羅振宇（羅輯思維創始人）長達四小時的跨年演講結束後，有不少朋友在社群上分享聽講心得，但都以文字居多。我也寫了一篇，不過多加上了一張圖，點閱與分享傳播的效率自然高出許多。（見圖 1-1）

圖 1-1｜我從「羅輯思維」2021 跨年演說「時間的朋友」中獲得的十二個啟發

知識萃取、內容變現的關鍵

簡單說明一件事最好的辦法，就是透過資料視覺化，就是讓人一看就懂、不說也明白。另一方面，也能提升專業感，讓人覺得你的內容是有價值、值得關注的。

推特(Twitter)上「關注 / 被關注」的比例分析

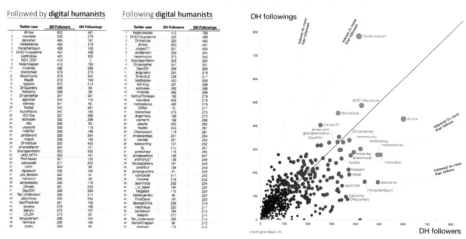

圖 1-2 ｜ 用視覺化圖表來呈現數據之間的分布關聯性，更能顯出專業性

比方說，有人分析推特（Twitter）上關注與被關注的比例是呈現什麼樣的關聯。比起數據表格，用圖表肯定是更直觀好理解的，一眼就可以看出兩者之間的關聯性。用這張圖來說故事，也更能讓聽眾感受的大數據的專業說服力。（見圖 1-2）

愛因斯坦曾說過：「如果你沒辦法簡單說明，代表你了解的不夠透徹。盡可能簡化事情，而不是簡略。」這句話就點出了視覺化的價值。

近年來，知識萃取與內容變現蔚為風潮，不少人都想藉此培養斜槓技能或開展第二人生。

光寫文章不夠，需要圖像、圖表來增添視覺性；還有人另闢蹊徑，靠圖解打開自己的市場，知識懶人包、知識圖卡、忘形流簡報、手繪圖像記錄，還有我多年來推廣的全息圖，

愈來愈多的視覺化形式產出，也讓內容變現的市場蓬勃發展。

　　比方說，這兩年也不少以圖像視覺化見長的簡報講師，因為優異的視覺化作品而受到矚目，更因此獲得出書的機會，也廣受市場好評成為暢銷書。而我自己也是由於全息圖搭配文章創作受到出版社青睞，而陸續出版多本著作。（見圖 1-3）

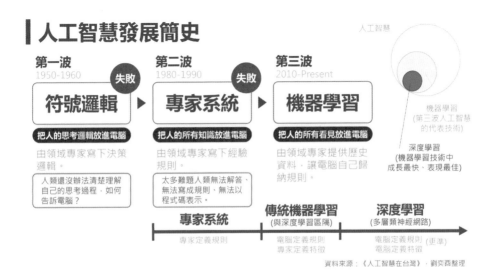

圖 1-3 ｜ 視覺化成為近幾年知識變現不可或缺的關鍵元素

# 我又不是設計師，
# 資料視覺化跟我有關嗎？
>>> 放棄視覺化，其實也放棄增進讓人理解的機會

在不久的將來，資料視覺化將會更蓬勃發展與更多的應用在我們的生活與工作之中。不論你懂不懂資料視覺化，你都已經身處其中了。

說到視覺化，很多人會認為這是一種專業，是從事設計相關產業的人才會做的事情；自己沒有美感、不懂設計，做不好視覺化也是應該的，要是我也能做到，早就去當設計師啦！

如果你有這樣的想法，小心！你已經正在失去職場競爭力了。

許多人對於資料視覺化這件事，存在著兩個誤解：

誤解一：沒有天分、缺乏美感，所以做不好視覺化是應該的。

誤解二：做好視覺化必須學會圖像編輯軟體與設計技巧。

天分與美感，的確可以讓你展現出與眾不同的視覺化成果；即使沒有天分、缺乏美感，也能透過一些方法技巧來達到視覺化溝通的目的。這些人可能誤解了資料視覺化的本質正是為了降低理解門檻、提高溝通成效，而不是為了藝術創作；特別是在職場中更是如此。

當我們放棄視覺化的同時，其實也放棄了增進對方理解的機會。

此外，隨著人工智慧的進步與網路的普及，做好視覺化的門檻不斷地降低；比方說，要將一張圖片去背，只保留其中的人物，從前可能需要專業才能做到，後來懂得使用圖像編輯軟體也能做到，而現在只要將圖片丟上專門去背的網站，不用十秒鐘就可以一鍵完成。

天吶！這真是太神奇了。除此之外，網路上還有許多免費資源與素材可供使用，簡報軟體中也加入了人工智慧，可以提供版面視覺的設計建議。

站在企業的角度來說，每天都會產生各種海量資料，比方說業務銷售、行銷推廣、客戶互動、庫存管理、生產流程、人事行政等資料。我們很難直接從大量資料中看出什麼訊息，必須透過視覺化圖表的方式，將資料轉換為資訊與洞見，做為決策與行動的參考依據。

為什麼資料視覺化會愈來愈重要？我想可以歸納為三個原因：

① 需求門檻提高

社群媒體上的視覺懶人包、手機與行動裝置中的 App，甚至是大型商場的廣告與引導圖示、大眾運輸工具上，也隨處可見視覺化的訊息傳達。（見圖 1-4）

回想一下，我們都可能有過這樣的經驗：開會時滑手機，使用著介面設計精美的 App、看著社群上的圖文懶人包，然

圖 1-4 ｜ 大家都在
用，我們對視覺化的
接受度也愈來愈嚴苛

後抬頭一看，天啊！台上報告的簡報怎麼這麼醜？完全看不
下去。

② 降低溝通成本

　　記得在幾年前，行動支付剛推出前，許多人還搞不懂這
是什麼。尤其是年長者，即使向他們做了再多說明，也難以
理解行動支付的概念。這時候，倒不如用一張圖告訴他們，
就是用你的手機去刷卡啦！不是更簡單易懂嗎？（見圖 1-5）

**行動支付蓬勃發展
的關鍵因素**

 電子支付習慣

 支援行動支付的NFC手機

支援payWave的信用卡機

圖 1-5 ｜ 一圖勝千
文，有時說再多不如
一張圖或一段影片更
容易懂

③ 創造受眾體驗

我曾經在臉書上的粉專「Data Man 的資料視覺化筆記」看過一篇十分有趣的資料視覺化作品，主題是台灣的神明信仰地圖。想想看，你知道台灣有多少廟宇嗎？各地的廟宇所供奉的主神又有什麼不同？拜土地公和拜媽祖的，在地域上的分布有沒有差別？這樣的資料如果用表單列出來，想必一定超無聊的，看都不想看。

但是這個粉專將這些資料做成互動的視覺化圖表，你可以清楚的看出不同主祀神祇的分布區域，是不是變得超有趣的呢！（見圖 1-6）

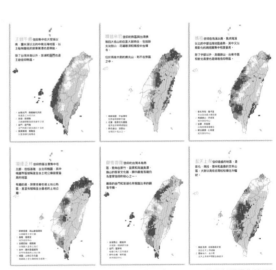

出處：FB粉專《Data Man 的資料視覺化筆記》

圖 1-6 | 透過視覺化的體驗與互動來吸引注意力、建立關聯性

3 用視覺化 將訊息植入對方的心智

》》》 圖像傳達訊息的效率比文字高

　　我們每天都面臨注意力的爭奪，各種資訊、娛樂、工作、媒體、廣告、社群……在在都想爭奪大家的注意力。有沒有想過，為什麼經過設計過的視覺溝通，就是比沒有經過思考的視覺溝通更能吸引人的眼球？

　　這得從我們心智談起。我們的心智包含左、右半腦兩個部分，分別處理語言聲音、視覺圖像。

　　同樣的訊息，由處理文字的右腦和處理圖像的左腦接收，處理訊息的方式就有很大的差異。比方說，圖 1-7 的蛋糕文字和圖像，當我們看到蛋糕圖像的瞬間，右腦即刻認知；而看到「蛋糕」的文字，則是先讓右腦認知為文字圖像，然後傳輸到左腦翻譯成語言和聲音被記憶下來，這個過程是需要消耗時間與精力的。

圖 1-7 ｜圖像比文字更直覺地被認知與理解

圖像好理解、文字好記憶，這就是資料視覺化的本質，同時吸引人的左、右腦。**將一個訊息植入對方心智最好的方式，就是結合文字與視覺化圖像，讓文字更有力量。**

視覺能比語言更能產生強大的影響，是因為視覺不需要任何翻譯，就能跨越語言邊界。這讓我們在面對不同國情文化、背景領域的對象溝通時，都更具有優勢。

進行資料視覺化前的三個思考

想要用視覺化將訊息植入對方的心智、發揮溝通成效，在資料視覺化前必須思考三個問題：

① 訊息傳達的目的是什麼？期望對方看完後的反應？

② 如何做才能讓對方產生我們期望的反應？

③ 具體來說，要呈現的內容是什麼？如何呈現？

舉例來說，有一次我到大學演講關於資料視覺化的主題，被問到「PM2.5 可以如何視覺化？」這個問題。於是我請在場的同學一起思考這三個問題，最後討論出來的結果如下。（見圖 1-8）

比起蒐集了一大堆關於 PM2.5 的資料，透過三個問題來思考，不僅可以節省時間，不需蒐集不必要的資料，更可以提高資訊傳達的有效性。我將同學們蒐集來的資料初步整理成以下的呈現方式。（見圖 1-9）

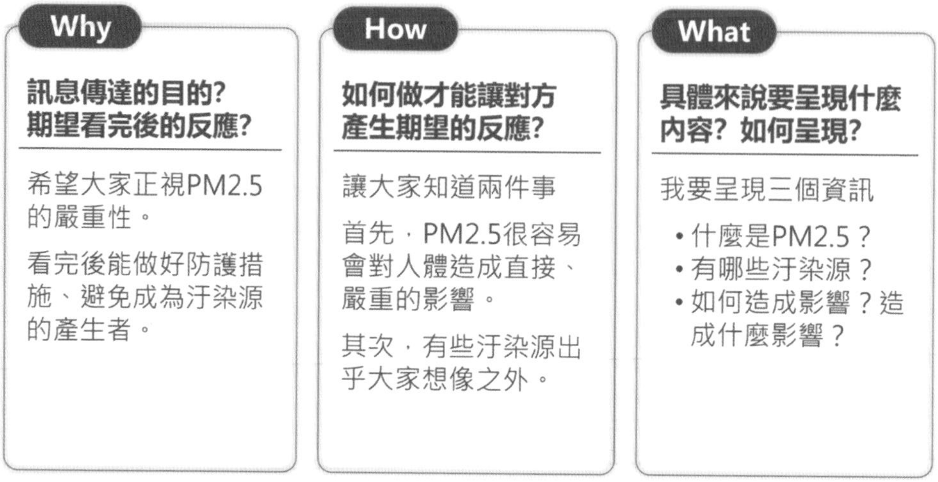

Why

訊息傳達的目的?
期望看完後的反應?

希望大家正視PM2.5
的嚴重性。

看完後能做好防護措
施、避免成為汙染源
的產生者。

How

如何做才能讓對方
產生期望的反應?

讓大家知道兩件事

首先,PM2.5很容易
會對人體造成直接、
嚴重的影響。

其次,有些汙染源出
乎大家想像之外。

What

具體來說要呈現什麼
內容? 如何呈現?

我要呈現三個資訊

• 什麼是PM2.5?
• 有哪些汙染源?
• 如何造成影響?造
  成什麼影響?

圖 1-8 ｜ 資料視覺化
前思考的三個問題

看到這樣的內容,你有什麼樣的感覺?我想應該很快就
跳過不看了吧!為什麼會這樣?因為太多字看起來很枯燥,
也看不出重點是什麼。

「怎麼會?這可是我花了很多時間蒐集資料、經過三個
問題思考,然後精簡出來的重點耶!」

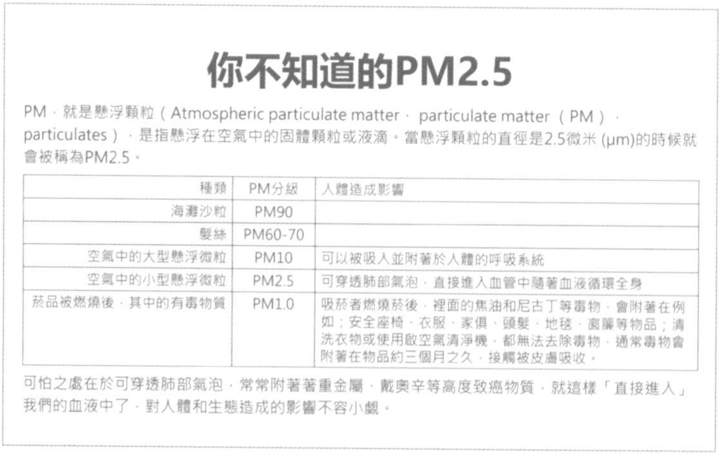

你不知道的PM2.5

PM,就是懸浮顆粒(Atmospheric particulate matter、particulate matter(PM)、particulates),是指懸浮在空氣中的固體顆粒或液滴。當懸浮顆粒的直徑是2.5微米(μm)的時候就會被稱為PM2.5。

種類	PM分級	人體造成影響
海灘沙粒	PM90	
髮絲	PM60-70	
空氣中的大型懸浮微粒	PM10	可以被吸入並附著於人體的呼吸系統
空氣中的小型懸浮微粒	PM2.5	可穿透肺部氣泡,直接進入血管中隨血液循環全身
菸品被燃燒後,其中的有毒物質	PM1.0	吸菸者燃燒菸後,裡面的焦油和尼古丁等毒物,會附著在例如:安全座椅、衣服、家俱、頭髮、地毯、窗簾等物品上,清洗衣物或使用啟空氣清淨機,都無法去除毒物,通常毒物會附著在物品約三個月之久,接觸被皮膚吸收。

可怕之處在於可穿透肺部氣泡,常常附著著重金屬、戴奧辛等高度致癌物質,就這樣「直接進入」我們的血液中了,對人體和生態造成的影響不可小覷。

圖 1-9 ｜ 將蒐集資料
整合後的結果

如果你是整理這份資料的同學，心中應該會這樣大喊吧！但是，這就是問題所在。對於準備資料的人來說，也許是從大量資料中萃取出百分之一的資訊，覺得這已經是精簡後的重點了。

　　但對於第一次觀看這些資訊的人而言，並不清楚這些資訊是怎麼來的，他看到的就是「全部」的資料，沒有層次之分、也沒有重點，只覺得資訊量太多、沒有興趣看下去。

　　所以，我們需要透過視覺化來吸引對方的注意、增進理解的速度。舉例來說，我們可以這麼做，用**相對比例的大小**讓對方更容易理解 PM2.5 與其他物質之間的差異。（見圖 1-10）

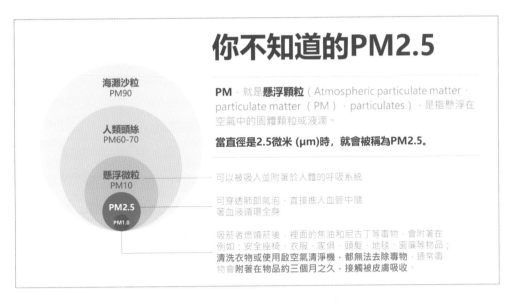

你不知道的PM2.5

PM，就是**懸浮顆粒**（Atmospheric particulate matter，particulate matter（PM），particulates），是指懸浮在空氣中的固體顆粒或液滴。

當直徑是2.5微米 (μm)時，就會被稱為PM2.5。

海灘沙粒
PM90

人類頭絲
PM60-70

懸浮微粒
PM10 ─── 可以被吸入並附著於人體的呼吸系統

PM2.5 ─── 可穿透肺部氣泡，直接進入血管中隨著血液循環全身

PM1.0

吸菸者燃燒菸後，裡面的焦油和尼古丁等毒物，會附著在例如：安全座椅、衣服、家俱、頭髮、地毯、窗簾等物品；**清洗衣物或使用啟空氣清淨機，都無法去除毒物**，通常毒物會附著在物品約三個月之久，接觸被皮膚吸收。

　　如此一來，是不是更有記憶點了呢？

圖 1-10 │ 藉由視覺化來增進理解的速度

　　文字好記憶、圖像好理解，善用視覺化就能將關鍵訊息植入對方的心智中。

CHAPTER 2

沒有美感、不懂設計，也能做得到的視覺法則

許多人都會將做不好資料視覺化的問題，歸咎於沒有美感、不懂設計。

事實上，兩者沒有必然的關聯。要做出簡單易懂、令人吸睛的資料視覺化成果，只要掌握三個視覺法則就可以辦到。分別是層次感、結構性、視覺化。

📋 本章教你

- ☑ 三萬小時淬煉、十萬張投影片歸納出的視覺法則
- ☑ 視覺法則一、層次感：焦點凸顯，讓重點一眼就看到
- ☑ 視覺法則二、結構性：視線引導，讓內容一眼就看完
- ☑ 視覺法則三、視覺化：畫面優化，讓受眾一眼就心動
- ☑ 用視覺法則打造聰明對策，解決資料視覺化的難題

1 三萬小時淬煉、十萬張投影片歸納出的視覺法則

>>> 利用三大視覺法則降低溝通成本

　　我在前一本書《我用模組化簡報，解決 99.9％的工作難題》中曾經提到，從大學時期開始就是個簡報重度使用者，不斷學習與研究如何做出更好的簡報、如何發揮簡報的成效。就如同多數人一樣，我也曾經花大量時間在軟體操作、色彩學、設計理論、資訊視覺化等領域鑽研，就只為了讓畫面在視覺上更吸睛、更好看。

　　但是後來發現，其實我搞錯了一件事。

　　我以為只要把畫面設計得美美的、色彩豐富，就能吸引對方的注意力，讓他們覺得好看，這就是好的資訊視覺化。花費了更多時間與精力，但沒有相對獲得更多主管與同事的肯定，反倒被主管告誡「如果連想傳達的訊息都不清楚，圖畫得再好看也沒有意義。你應該多花點時間在內容的準備、而不是在設計上。」

　　主管建議我多觀察別人的做法，並且思考為什麼有些人用簡單的圖表或圖解，就可以讓對方感受到清楚的訊息傳達？而我自己做的又有什麼不同？後來，我理解了一件事：資訊視覺化，不光是要讓人覺得好看，更要讓對方覺得好理解、好記憶；甚至，後者比前者更為優先、重要。

視覺化是為了降低受眾對於資訊理解的門檻；其次，才是為了提升受眾在閱讀與觀看時的體驗。

而這二者都是為了減少溝通的成本；當畫面資訊呈現出來時，任何人都可以一看就懂，不需說明就能了解我們想要傳達的訊息是什麼。但是，該如何做到呢？

降低溝通成本的三大視覺法則

我歸納出了三個視覺法則，分別是層次感、結構性與視覺化：

① 層次感：畫面傳達的主題、重點與內容是什麼？讓受眾一眼就能區別出來

② 結構性：畫面中的資訊，彼此間的結構與關聯是什麼？讓受眾一眼就明白如何閱讀。

③ 視覺化：運用簡單的設計原則，包括色彩方案、字型組合、版面配置等，來提升畫面在視覺上的質感；讓受眾一眼就被吸引、愛上它。

層次感強調的是焦點（點）的凸顯，讓對方一眼就看到重點，所以又稱之為「點」的視覺法則；結構性強調的是視線（線）的引導，讓對方一眼就看完內容，所以又稱之為「線」的視覺法則；視覺化強調的是畫面（面）的優化，讓對方一眼就感到心動，所以又稱之為「面」的視覺法則。

因此，我將這三個視覺法則，稱之為「點線面」視覺法則。如何？很好記吧。

這是我過去累積超過三萬小時、十萬張以上投影片的刻意練習，所歸納整理出來的視覺法則；多年來，也在許多企業培訓、個人教練中，驗證了這套視覺法則的強大與有效。

　　即使是沒有美感、不懂設計的入門者，也能藉由一堂課的學習而做出精彩的作品，透過練習更能運用在工作上的報告與內容產出上，不僅大幅縮短了作業時間、也能輕鬆獲得主管與客戶的肯定。我想，正在閱讀這本書的你，應該也能做到。

　　在第三章中所有視覺化案例，都是透過這三個視覺法則來完成的。接下來，我們先來了解這些視覺法則是什麼，又是如何被運用在資料視覺化上。

視覺法則一 層次感：
凸顯焦點，一眼就看到重點
>>> 安排資訊的呈現層次，引導閱讀順序

　　當一張圖片出現在眼前，最先抓住你目光的會是什麼？

　　這是一張網路上流傳的圖片，不過我將它調整為中文的版本。（見圖 2-1）

　　透過字型大小、顏色深淺、上下順序、層次遠近、字數多寡等設計技巧，畫面中三個資訊的層次被區隔了出來，目的是希望影響讀者閱讀訊息的先後順序。

　　這張圖片，其實說明了兩件事：

你會先看到這句話

最後是這一段文字
資訊的層次會影響視覺上的先後順序

接著是這句話

圖 2-1｜資訊的層次會影響視覺上的先後順序

① 資訊的呈現層次，會影響視覺上接收訊息的先後順序。

② 我們不一定會照著安排好的順序閱讀，這與個人習慣有關。

　　想想看，如果刻意安排資訊層次，都未必能讓你照著我們期望的方式觀看。那麼，沒有區隔出層次的資訊畫面，對於訊息傳達上的成效有多麼糟糕，就可想而知了！比方說，下面圖 2-2。

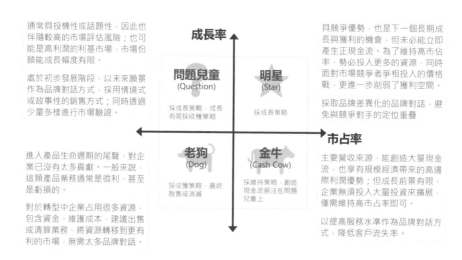

通常具投機性或話題性，因此也伴隨較高的市場評估風險；也可能是高利潤的利基市場，市場份額能成長幅度有限。

處於初步發展階段，以未來願景作為品牌對話方式，採用情境式或故事性的銷售方式；同時透過少量多樣進行市場驗證。

具競爭優勢，也是下一個長期成長與獲利的機會，但未必能立即產生正現金流。為了維持高市佔率，勢必投入更多的資源，同時面對市場競者爭相投入的價格戰，更進一步削弱了獲利空間。

採取品牌差異化的品牌對話，避免與競爭對手的定位重疊

成長率

問題兒童
(Question)
採成長策略，成長有限採收權策略

明星
(Star)
採成長策略

市占率

進入產品生命週期的尾聲，對企業已沒有太多貢獻。一般來說，這類產品業務通常是微利、甚至是虧損的。

對於轉型中企業占用很多資源，包含資金、維護成本，建議出售或清算業務，將資源轉移到更有利的市場，無需太多品牌對話。

老狗
(Dog)
採收獲策略，最終脫售或消滅

金牛
(Cash Cow)
採維持策略，創造現金流挹注在問題兒童上

主要營收來源，能創造大量現金流，也享有規模經濟帶來的高邊際利潤優勢；但成長前景有限，企業無須投入大量投資來擴展，僅需維持高市占率即可。

以提高服務水準作為品牌對話方式，降低客戶流失率。

圖 2-2｜資訊缺乏層次感，會讓訊息傳達的成效大幅降低

　　這張圖片的資訊呈現其實經過了設計，在排版上也注意到對齊、對比等原則，整體來說算是不錯的作品了。那麼，你覺得對於觀看這張圖片的對象來說，會發生哪些問題？

● 資訊量太多，不知道從哪裡開始閱讀？

● 不知道這張圖想表達的重點是什麼？

● 我只對中間的那個矩陣有興趣，四周的文字說明我完全看不下去。

這是我給超過一千位學員觀看後，歸納出最多人反應的三個問題。這也表示，這張圖片提供了很豐富的資訊，但在訊息傳達上無疑是失敗的；對於觀看者來說，無法立即的接收到圖片想要傳達的訊息，不僅增加了溝通上的成本，還需要用更多的文字來說明解釋圖片想表達的資訊重點。

這其實違反了資料視覺化的本意。

掌握兩重點，重點資訊立刻跳出來

要改善這個問題，只要對圖片中的資訊賦予「層次感」就可以解決。如何做到？

① **焦點確認**：區隔出資訊中的「**主題、重點與輔助內容**」是什麼？

② **資訊降噪**：利用「**對比**」的技巧，將「重點」凸顯出來

回到這張圖片來看看，可以如何改善？可以透過兩重點來改造圖片，吸引讀者注意力。

① **焦點確認**：圖片中的主題、重點與輔助內容分別是：

- 主題：從波士頓矩陣（BCG Matrix）來看四種產品分類與市場應對策略
- 重點：四種產品分類下的市場應對策略是什麼？
- 輔助內容：重點以外的其他資訊

② **資訊降噪**：運用色塊、字型來凸顯「重點」的視覺層次感。

調整後的圖 2-3，第一眼會先看到以淺藍色背景的文字區塊，這是四種產品分類下的市場應對策略；以及藍色加粗的字體來強調希望能注意到的關鍵字。如此一來，讓關鍵訊息一下子就跳出來，閱讀起來舒服多了。

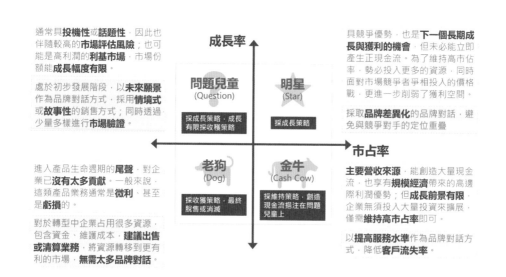

通常具**投機性**或**話題性**，因此也伴隨較高的**市場評估風險**；也可能是高利潤的**利基市場**，市場份額能**成長幅度有限**。

處於初步發展階段，以**未來願景**作為品牌對話方式，採用**情境式**或**故事性**的銷售方式；同時透過少量多樣進行**市場驗證**。

進入產品生命週期的**尾聲**，對企業已**沒有太多貢獻**，一般來說，這類產品業務通常是**微利**、甚至是**虧損**的。

對於轉型中企業占用很多資源，包含資金、維護成本，**建議出售或清算業務**，將資源轉移到更有利的市場，**無需太多品牌對話**。

成長率

問題兒童
(Question)

採成長策略，成長有限採收種策略

明星
(Star)

採成長策略

市占率

老狗
(Dog)

採收獲策略，最終脫售或消滅

金牛
(Cash Cow)

採維持策略，創造現金流挹注在問題兒童上

具競爭優勢，也是**下一個長期成長與獲利的機會**，但未必能立即產生正現金流。為了維持高市佔率，勢必投入更多的資源，同時面對市場競爭者爭相投入的價格戰，更進一步削弱了獲利空間。

採取**品牌差異化**的品牌對話，避免與競爭對手的定位重量。

主要營收來源，能創造大量現金流，也享有**規模經濟**帶來的高邊際利潤優勢；但**成長前景有限**，企業無須投入大量投資來擴展，僅需**維持高市占率**即可。

以**提高服務水準**作為品牌對話方式，降低**客戶流失率**。

圖 2-3｜賦予資訊「層次感」，凸顯出關鍵訊息，一眼就看到重點

▊淡化次要資訊，不重要的就不需要強調它

如果你有希望讀者能優先關注的重點，可以利用「調整圖片裡訊息的層次，試試淡化次要資訊」的技巧，引導讀者目光，聚焦在想強調的重點上。

比方說，如果我們希望讀者專注在右上方的「明星」產品的市場應對策略，這時你可以刷淡其他三種產品資訊的顏色，調整後，這張圖的重點馬上可以分辨得出來。

在這張圖片中，我們利用了顏色深淺來為不必要的資訊

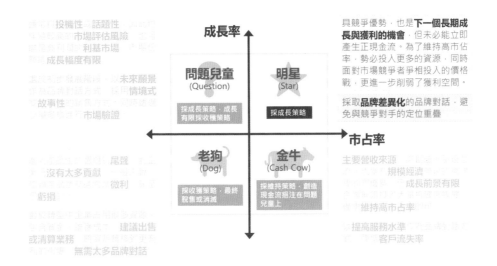

具競爭優勢，也是**下一個長期成長與獲利的機會**，但未必能立即產生正現金流。為了維持高市佔率，勢必投入更多的資源，同時面對市場競爭者爭相投入的價格戰，更進一步削弱了獲利空間。

採取品牌差異化的品牌對話，避免與競爭對手的定位重疊

主要營收來源
規模經濟
成長前景有限
維持高市占率
提高服務水準
客戶流失率

「降噪」以凸顯主要資訊。除此之外，還有哪些降噪的技巧呢？我歸納了三種簡單又實用的技巧供你參考：

- 技巧① 對比：形狀大小、顏色深淺、順序先後、輪廓粗細、層次遠近
- 技巧② 遮罩：幾何圖形、合併功能的使用
- 技巧③ 破題：將訊息直接下在標題中；或結合對比、遮罩等技巧呈現訊息

在第三章中，會以豐富的案例實際說明如何應用，不管是工作、社群、個人成長……均可活用這些技巧，讓重要的訊息先說話。

圖 2-4│藉由調整次要資訊的層次感，來凸顯主要資訊的焦點

3 視覺法則二　結構性：視線引導，讓內容一眼就看完

>>> 你得了解人的視線習慣如何運作

　　如果說「層次感」是為了讓對方一眼就看到重點，那麼，接下來要說的「結構性」，就是為了讓對方一眼就看完內容、掌握全貌。

　　如果你都沒想過視覺策略，只是隨意安排版面，讀者有可能會在資訊中迷路，找不到重點。

　　想讓讀者依照你的安排，你可以透過以下三種技巧，來引導讀者的視線，順著你的安排將目光放在你安排的重點上。

- 技巧①：運用人的視線習慣來排列畫面中的元素
- 技巧②：藉由干擾因素來打破人的視線習慣，引導目光的焦點
- 技巧③：套用符合視線習慣的排版模式

技巧①：運用人的視線習慣來排列畫面中的元素

　　善用人的視線習慣，順勢引導讀者吸收資訊。閱讀時，閱讀動線會是從左到右、由上而下、Z 字型、順時針，或是

對角線這幾種方式。所以，在設計畫面中的元素時，可以依循著上述的原則。（見圖 2-5）

由左到右

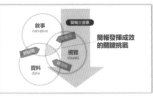

從上而下

Z字型

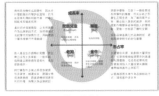

順時針

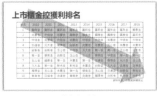

對角線

圖 2-5 | 符合視線習慣的資訊排列方式，可以提高接收訊息效率

技巧②：藉由干擾因素來打破人的視線習慣，引導目光的焦點

人的視線習慣，是可以被干擾與破壞的。透過以下幾種技巧安排，即達到引導視線的目的。

① 人會被畫面上新出現的內容所吸引，使用動畫就能引導視線的移動。

② 在靜止的畫面中，圖像會比文字更容易吸引到我們的目光。

③ 我們對於數字或字母等符號，習慣照著順序閱讀。

比方說，圖 2-6 的動畫出現順序，可以強迫我們改變閱讀資訊的先後順序；圖 2-7 中左邊的人像會是最先吸引到我們目光的，然後才會是畫面中其他的內容；圖 2-8 中，加入數字標號後，我們不會從左到右、由上而下的閱讀這張圖片，而是按照數字的順序閱讀。

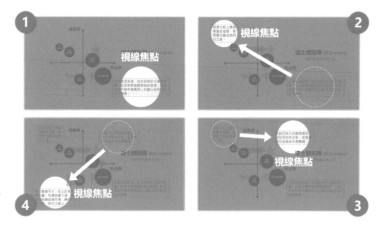

圖 2-6 │透過動畫出現的順序，來改變觀看者的視線焦點

圖 2-7 │觀看者的視線焦點會優先落在左方的人像，然後才是右方的文字

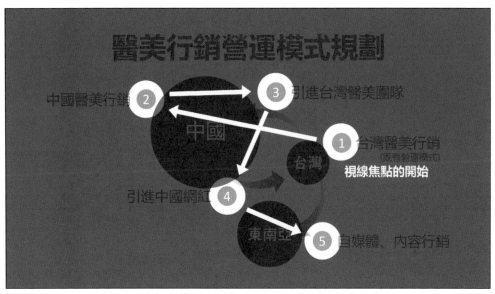

技巧③：套用符合視線習慣的排版

圖 2-8 ｜透過數字，依序引導閱讀順序

看完前面兩個技巧，我想你已經知道了如何運用視線習慣引導目光，以及運用動畫、圖像、色彩與符號等干擾因素來改變視線焦點。

接下來，我要告訴你的第三個技巧，也就是大多數人都感到困擾的「排版」問題，如何將多個資訊與視覺元素「適當」地排列在畫面上？只要掌握三個符合視線習慣的排版版型：置中、並列、左右，就可以搞定各種排版問題；其中，並列版型又可以變化出「垂直並列」和「垂直／水平並列」這兩種版型。（見圖 2-9）

比方說，如果畫面中只有一張圖片，採用置中版型就可以，就像圖 2-10。

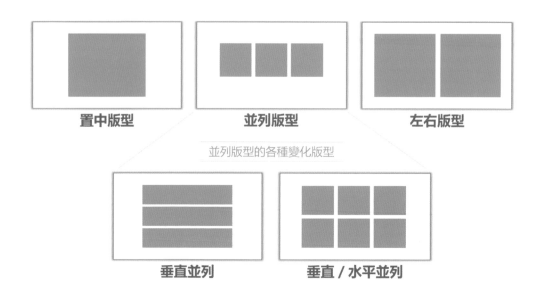

置中版型　　　　　　並列版型　　　　　　左右版型

並列版型的各種變化版型

垂直並列　　　　　垂直／水平並列

圖 2-9 ｜三種常用排
版版型與變化版型

如果我要在畫面中加上一些說明文字呢？可以採用「左
右」版型，將圖片放在畫面的左方、說明文字放在右方。因

資訊視覺化案例

2020 年 4 月 25 日 14:00
國內即時疫情

累計確診　新增案例　累計死亡　解除隔離
429　　　1　　　6　　　275

累計 343 境外移入、55 例本土病例、敦睦遠訓支隊 31 例
今日新增案例為案 429（敦睦遠訓支隊 1 例）

4 月 20、21 日定點返臺專案航班共 460 名湖北返臺民眾
截至目前維持 4 人就醫治療中、2 人陪同就醫
其餘持續於集中檢疫所密切健康監測

國外即時疫情
全球累計確診 2,833,642 例，其中 195,715 例死亡
（184 個國家 / 地區）

確診數前五國家 / 地區					死亡數前五國家 / 地區				
美國	西班牙	義大利	法國	德國	美國	義大利	西班牙	法國	英國
912,628	219,764	192,994	187,708	150,383	51,991	25,969	22,524	22,245	19,506

圖 2-10 ｜單張的圖
片或圖表
採用「置中」版型就
可以

為圖片比文字更容易吸引我們的目光，放在左邊可以符合人的視線習慣；如圖 2-11 中，我在圖片右方加入了一些如何改善圖片視覺化的建議。

問題來了！不少人會問我，到底應該是將圖片放在左方？還是右方？如果是圖表呢，又應該怎麼排會比較好呢？

這張圖片的資訊視覺化可以如何改善?

- 用了三種顏色來區隔國內、外，以及主次資訊，思考能不能**減少色彩的使用**，只用一種顏色、或用線條來**建立層次感**？
- 國外即時疫情的數字在閱讀時要傳達的意義是什麼？**閱讀者在意的又是什麼**？如果只要呈現出疫情較為嚴重的是哪些國家？那麼數值呈現可以**簡化單位**會更好理解。

圖 2-11 │ 圖文搭配採用「左右」版型即可

我的建議是：將容易吸引目光的放在左方。

為什麼？還記得前面說過，人的視線習慣是由左至右的嗎？當你將容易吸引目光的元素放在左方，那麼觀看者的視線焦點會先落在左方，然後往右方移動觀看其他的資訊，這樣就比較合理。

在大多數的情況下，吸引目光的順序會是圖像＞圖解＞圖表＞文字。

比方說，下面這張圖 2-12 中，我採用了「並列」版型，將原本的圖片和改善後的兩張圖片，從左到右依序排列來符合視線習慣。

這張圖片的資訊視覺化可以如何改善？

* 改善重點一、減少色彩的使用，來創造層次感。
* 改善重點二、簡化數值單位，更直覺易懂。

圖 2-12 │ 運用「並列」版型做出改善前後的比較效果

只要掌握置中、左右以及並列三種常用的版型，你就能掌握好資訊傳達，讓人看懂資訊。這個概念其實就來自於收納達人的收納技巧，先將整個置物空間規劃出不同的區域，然後再將物品放置到對置的位置，就能讓整個空間的收納看起來井然有序了。

視覺法則三　視覺化：畫面優化，讓受眾一眼就心動

>>> 讓畫面美觀，一樣是爲了利於訊息傳達

　　當我們讓畫面產生了層次感與結構性，就能讓資訊的傳達更容易被對方理解，一眼看到重點、一眼就看完內容。此外，我們也希望讓整體的視覺化看起來更有專業感與質感，甚至能夠展現出獨有的風格。

　　你可能會想說：我既不懂設計、又沒有美感，這個太難做到了吧？

　　沒問題的！如果是要創作出一幅藝術品，懂得設計、擁有美感這些條件，當然會是勝出的關鍵。但是，資料視覺化並不等於藝術創作，至少在工作及日常應用上，是為了有效傳達資訊，讓人秒懂。

　　只要你掌握了層次感與結構性這兩個視覺法則，基本上，已經能提高資訊溝通效率，成功利用資訊交流。畫面、整體視覺美觀、不但閱讀感受更舒服、不會看了眼花繚亂，容易接收訊息，同時還能呈現出專業與質感。掌握視覺化技巧，包含以下五個原則：

① 留白：留出畫面的空間感。邊框留白，質感自然就提升；畫面留白，讓版面呼吸，減少壓迫感。

② 對齊：產生畫面的協調感。畫面上的元素標齊對正了，

自然就會有美感。

③ **對比**：創造畫面的層次感。透過大小、深淺等方式，創造視覺上的焦點。

④ **親密**：形成畫面的呼吸感。讓畫面中的元素之間保持適當的距離。

⑤ **一致**：建立畫面的整體感。藉由一致的色彩方案、字型組合與設計風格，給人有整體規劃的感受，就會覺得有專業感。

留白，增加畫面的空間感

留白的技巧，廣泛地運用在各種領域，比方說：

- 精品與奢侈品的平面設計，運用大量的留白來創造出高級感
- 溝通表達與演說時，在重點前、提問後的沉默留白，可以抓住聽眾的注意力
- 書面報告與簡報的視覺呈現，適當留白可以讓資訊更清楚、更好閱讀
- 書畫與攝影作品中，留白可以創造出意境，讓人有更多想像與理解的空間
- 音樂中的留白，可以讓接下來出現的音符更有力量

留白，運用在資訊視覺化上，只要掌握兩個技巧就能增加畫面的空間感：

- **邊框的留白**：在版面的四周都留下適當的空白，畫面質感也立刻提升。

- **畫面的留白**：不要急著塞滿版面，減少畫面中的元素，可以突出資訊，讓訊息更容易清楚傳達。

▎邊框的留白

贊助企劃書的內容規劃

- 提供數據化資料，證明賽事的商業價值。包括賽事背景介紹、參賽國家數、隊伍數、選手數、選手競技水準、明星運動員、賽事觀賞人數（含現場、電視、網路）、合作媒體及轉播單位、媒體報導次數、贊助廠商家數、賽事官方網站、粉絲專頁累計流量等。
- 提議具體合作方案，吸引企業贊助。跟著以下步驟，規劃合作方案不再想破頭！！
- 盤點回饋資源：詳細盤點賽事籌備至舉辦各個階段可成為贊助方案標的的人、事、物，整合可運用之資源，例如：獎項贊助、服裝贊助、冠名贊助、商標授權、場佈文宣等聯合廣告露出資源。
- 盤點可利用資源時，須留意主辦方與國際總會的權利義務關係，如贊助商露出的管道等。
- 通盤瞭解尋求贊助的目標企業經營理念、經營項目、主要客群等資訊，擬定客製化合作方案，契合目標企業的實際需求。客製化合作方案是招商過程的籌碼，準備工作越詳細，成功的機率也就更高。

▎畫面的留白

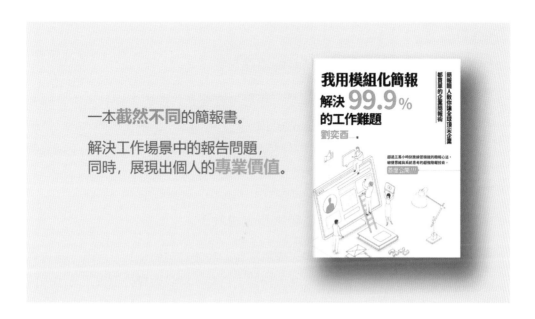

一本截然不同的簡報書。

解決工作場景中的報告問題，
同時，展現出個人的專業價值。

不怕留白，你該學會的減法設計

在這裡我們可以參考「斷捨離」的做法，這是日本雜物管理諮詢師山下秀子提出來的概念，也就是透過「斷絕不需要的東西、捨去多餘的事物、脫離對物品的執著」的做法，清出生活空間，讓自己的生活更有餘裕。

這樣的概念，我將它轉換為「斷絕不必要的元素、捨棄多餘的資訊、脫離對設計的執著」套用在視覺上的留白，並思考三個問題：

▌如何用更少表達更多？

畫面上的任何一個元素，如果拿掉，會不會影響想要傳達的訊息？會不會造成受眾在理解上的困難？如果不會，那就拿掉吧。減少視覺干擾，反而可以讓訊息的傳遞更有效率。

▌資訊是必要還是想要？

資訊的呈現，要思考哪些是必要的（Must be）？哪些是想要的（Nice to have）？畫面上所呈現出來的資訊，應該是為了降低受眾理解的門檻、減少溝通的成本，而不是證明自己投入了多少努力、準備了多少內容。

▌設計能帶來多大成效？

永遠記得，資料視覺化的設計目的是為了受眾，讓資料更易讀，訊息高效傳達。有時，當我們對於視覺化有了一些

心得、獲得了眾人的認同之後，往往會開始在意起視覺上的
「設計感」。若是因此投入更多的心力、找尋更多的素材，
只為了在視覺上更有設計感，而因此忽略了視覺化是為了減
少溝通成本的本質，可能就本末倒置了。

對齊，產生畫面的協調感

　　你可曾聽過「一白遮三醜」嗎？

　　在資料視覺化中，也有「一齊遮百醜」的說法，只要將
畫面中的元素上下左右對齊，立刻就能提升美感。比方說，
圖 2-13 是某位企畫專員的作品，此圖將牛丼連鎖店的優點，
用三個文字方塊的方式來呈現，看起來沒有什麼大問題，訊
息傳達也很清楚。

物美價廉的牛丼連鎖店

價格很便宜

即便是沒有錢的學
生，也可以輕鬆入
店消費。

**烹飪與供餐
非常迅速**

適合行程緊湊的
商務人士，與有
幼童的家庭，不
必久等。

**非常美味，
叫人百吃不膩**

連鎖店的牛丼非常
美味，教人百吃不
厭。

圖 2-13 ｜ 訊息傳達
清楚，但視覺上缺乏
協調感

　　但是，總覺得視覺上少了協調感。

這是因為畫面上的元素，並沒有很嚴謹地對齊。只要加上幾條隱形線，不難看出元素之間只是「差不多」對齊而已，這就會造成視覺上的違和感。（見圖 2-14）

圖 2-14 ｜ 利用隱形線來檢視畫面中的元素是否確實對齊

如果我們希望整體畫面看起來有平衡感，首先要做的就是對齊畫面中的元素。（見圖 2-15）

圖 2-15 ｜ 將畫面中的元素對齊，就能創造出美感

- 將「標題」置中對齊
- 將「三個優點」水平對齊，在字數上也對齊（調整為四個字）
- 將「說明文字」左右對齊、靠上對齊，在字數寬度上也對齊（調整為一行七個字）
- 將「整體畫面」置中對齊

只要對齊這些「隱形的線」，就能讓畫面中的元素有了適當的擺放位置；進一步可以思考如何精簡調整內容的字數組合，創造出文字的對齊，創造出有如詩詞的美感。

對比，創造畫面的層次感

藉由形狀大小、顏色深淺、順序先後、輪廓粗細、數量多寡、層次遠近的方式，我們可以創造出對比的效果，讓受眾的目光聚焦在我們希望凸顯的元素上。

比方說，在下面這張圖 2-16 中，你可以看出運用了哪些對比嗎？

對比在資料視覺化上是相當重要的技巧，特別是在畫面上的資訊量很多又無法精簡時，透過對比的技巧，仍然可以做到讓資訊一目了然的效果。

比方說，在製作全息圖時，由於畫面中包含相當多的資訊量，我們必須藉由「對比」將資訊的層次感區隔出來，讓受眾知道該如何閱讀這張圖。（見圖 2-17）

面向市場的定位過程

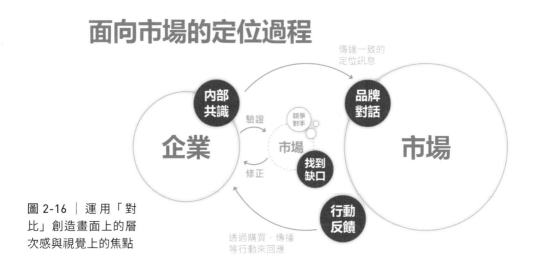

圖 2-16 ｜ 運用「對比」創造畫面上的層次感與視覺上的焦點

圖 2-17 ｜ 在全息圖中運用「對比」，讓資訊的層次感一目了然

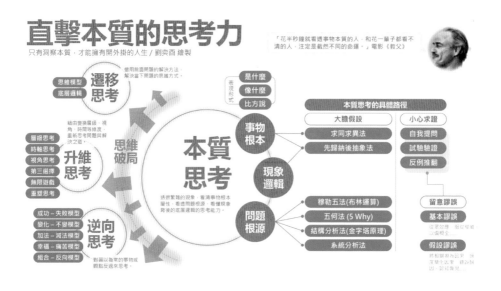

親密，形成畫面的呼吸感

在視覺上，我們會將畫面中鄰近的元素視為是一群的。

比方說，在下面這張圖 2-18 中右半邊的說明文字，文字與文字之間距離較近的代表是同一群的，距離較遠的代表不同群。利用元素在畫面中彼此的距離遠近，我們可以容易看出右半邊說明文字與左半邊六邊形圖案元素之間的關聯性。像是，對應「領域專業」的說明文字，包括「我們能幫你什麼」與「我們能如何幫你」這兩個內容；但我們不會將「為何你需要我們」誤認為是「領域專業」的說明文字，因為彼此間的距離相對較遠。

圖 2-18 ｜透過「親密」原則讓畫面有呼吸感，也使資訊之間的關聯性更為清楚

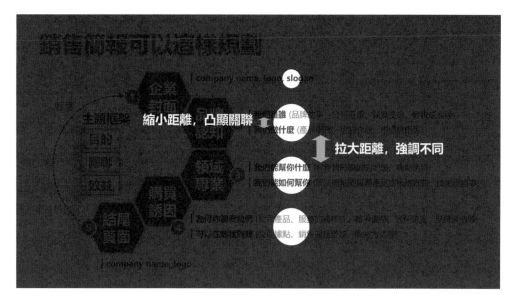

即使只是一篇文字內容，也可以運用「親密」原則來讓段落更容易被區隔出來。（見圖 2-19）

純網銀要來了 鯰魚效應金融版圖面臨洗牌

2019-07-28 12:54 中央社

迎接純網銀時代專題2（中央社記者劉姵呈台北28日電）台灣金融市場7月底大事，就是將正式開啟「純網銀」時代，不僅將徹底顛覆台灣民眾對銀行的印象，也將影響金融市場版圖。來勢洶洶的純網銀將掀何種創新服務搶客，發揮鯰魚效應，外界拭目以待。

純網銀依照榜單公布倒數計時，由於金融監督管理委員會主委顧立雄日前信誓旦旦表示，只會開放2家純網銀，因此提出申請的3家業者「將來銀行」、「LINE Bank」及「樂天國際商業銀行」近期十分低調，對未來純網銀的面貌三緘其口。

純網銀是什麼 鯰魚效應鎖定年輕族群

簡單來說，純網銀與客戶互動的窗口，是經由網路、行動裝置的App進行，沒有任何實體分行、分支機構和任何營業據點，當然表示沒有時間、空間限制，隨時可進行交易，也因為大部分服務都自動化，如過去需要跑流程審核的貸款服務，作業時間將會因此大幅縮短。

換句話說，純網銀正式上路後，未來將改變部分民眾抽號碼牌後，枯坐在營業大廳等候存、提、匯款業務景象，網路銀行的便利度不高，加上11時間關係，外出時間不多，如果純網銀可以補足服務到現有銀行接觸不到的客群，將會是差異化的最大亮點。

純網銀拚搏傳統銀行 差異化服務是亮點

在市場競爭下，純網銀要想殺出一條血路，免不了要祭出價格戰，但陳衍潔分析，國銀本就有既定用戶的優勢，純網銀單靠殺價長期下來會很難生存，削價競爭不利台灣銀行產業發展，如同國內銀行的分行家數降至3397家，連續5年下降，但ATM裝設台數、資安人才需求則是逐年增加。

她舉例，台灣有許多東南亞移工，這類客群使用傳統銀行服務的便利度不高，加上工時關係，外出時間不多，如果純網銀可以補足服務到現有銀行接觸不到的客群，將會是差異化的最大亮點。

民營銀行業者也表示，在台灣，使用數位金融服務的客群對於品牌的忠誠度比較低，假設有足夠服務的平台出現，研發出友善的操作系統，也提供更具吸引力的優惠條件，客戶資產轉移的速度會非常快。

這些業者進一步分析，台灣使用數位金融服務的客群「群聚力」很強，且非常習慣使用社群平台分享自己的使用心得與經驗。因此，業者必須花更多成本投入

國、美國。因為這些國家幅員遼闊，很多偏遠地區的自動櫃員機（ATM）和分行不普及，純網銀可以透過網路深入到傳統銀行服務不到的地方；這同樣也是後來中國的金融科技能快速發展的原因。

不過，台灣地小人稠，金融市場本來就已呈現銀行家數太多的現象，尤其金融科技時代來臨後，各家銀行不僅有網路銀行，也發展了數位銀行品牌，簡接影響許多銀行的分行據點租約到期就不再續約，依金管會統計，至今年5月底，國內銀行的分行家數降至3397家，連續5年下降，但ATM裝設台數、資安人才需求則是逐年增加。

純網銀拚搏傳統銀行 差異化服務是亮點

在市場競爭下，純網銀要想殺出一條血路，免不了要祭出價格戰，但陳衍潔分析，國銀本就有既定用戶的優勢，純網銀單靠殺價長期下來會很難生存，削價競爭不利台灣銀行產業發展，如同國內銀行的分行家數降至3397家，連續5年下降，但ATM裝設台數、資安人才需求則是逐年增加。

客戶服務或擴充更多功能，並加強在地化的行銷策略，才能在這場大戰中獲得優勢。

創新服務與資訊安全 純網銀另一挑戰

依金管會公布純網銀設立審核項目及評分比率，占評分比重最高的營運模式可行性，總評為包括有業務範圍與營運模式、業務經營性與創新與穩定性及客戶服務便利與安全性。民營銀行主管分析，純網銀要拚全數位化服務，未來資安的防護措施需要「燒錢」。

Money101台灣董事總經理周純如表示，這項評分其中最重要的包括App操作介面的便利性、金融服務的流暢度等，這也是純網銀推動各項消費金融最重大的考量，周純如舉例，純網銀必須要靈活進行身分認證，例如金管會將來規劃加以手機門號加上視訊就能線上開戶等。而在轉帳額度、能否轉帳給其他人等業務是關鍵，純網銀以手機號碼綁定他人等業務是否便利，或是忘記密碼後要取回密碼的方便性，以及能否流暢地滿足民眾外匯、貸款等相關需求，都會影響民眾是否將該帳戶作為主要帳戶的意願。

再者，資策會資安所副主任田謹維分析，純網銀最大的特色在於「服務完全網路化」，但龐大的風險也在「民眾對於完全無實體化的輔助」。難免會有安全上疑慮，田謹維表示，傳統銀行因為是以櫃台為主、網路為輔，純網銀行可以依據客戶的操作序限制，且發生問題連還可以馬上找分行處理，但純網銀則不然，因此資安、風控一定要做到比銀行更完善。

他建議，純網銀必須有更嚴格的內部管理機制，建立彈性監機、國際取對弊舞等意外事件防範，必須要有通報管道，可立即處供民眾申訴及退查原因外，更要以高標準規範來保護民眾個資，及防止洗錢或恐怖組織融資。

台經院產業分析師陳衍潔表示，純網銀最早緣起於英

圖 2-19｜段落之間的間距加大，也是「親密」原則的一種運用

一致，建立畫面的整體感

　　要想讓畫面看起來有一致性、整體感，可以透過一些「限制條件」來達成，比如說：

- **色彩方案**：選定背景色、主題色與重點色的搭配方案

- **字型組合**：選用字型不超過兩種，標題／重點使用一種、輔助內容使用一種

- **圖像風格**：選用的圖片、圖示與圖像，盡可能保持一致性或接近的風格

- **版面配置**：減少畫面中出現物件的大小差異，盡可能維持在三種以下的大小規格

▌建立色彩方案

　　資料視覺化的目的是為了降低受眾的理解門檻，所以色彩主要是用來凸顯重點，其次才是提升視覺美感，輔助閱讀。在一份報告或簡報中，同樣的色彩也應該代表相同的意義，而不是隨喜好搭配，減少受眾重新理解色彩所代表的意義，才能加快訊息傳達的速度。

　　因此，事先選定配色方案，建立好色彩溝通策略，依照意義統一用色，而非隨性搭配色彩，增加讀者的認知負荷。色彩方案包括：背景色、主題色與重點色三種。（見圖 2-20）

畫面的基底色
淺底深字、深底淺字

創造出層次感
占畫面比例25-30%

突顯出重點
占畫面比例5-10%

- **背景色**：書面報告或一般投影布幕大小的簡報，建議採用淺底深字，比方說白底黑字；如果是大型會場或媒體發布會，不妨採用深底淺字，像是藍底白字、黑底黃字都是不錯的選擇。分享一個私人技巧，就是避免採用純黑或純白，容易造成視覺疲勞；通常我會使用帶有一點灰階的白、帶有一點灰階的黑，或者調整透明度也可以達到同樣的效果。

- **主題色**：為了呈現出畫面整體的色調，一般會使用企業品牌色、資訊主題相關的顏色。比方說，高科技產

圖 2-20 ｜選定色彩方案，讓讀者可以輕鬆閱讀，看懂訊息

業或產品，大多會使用深藍色或黑色；資訊與金融產業偏好藍色或綠色。

- **重點色**：為了凸顯畫面中的重點，所以運用比例不高，大約占整個畫面的 5-10％，否則就失去了凸顯的意義。通常會採用主題色的對比色即可，比方說，我採用深藍色做為主題色時，會搭配黃色當重點色。（見圖2-21）

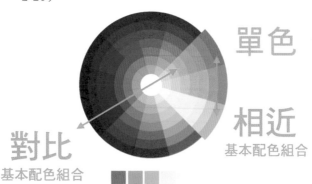

圖 2-21 │ 對比色與相近色的運用參考

▎選擇字型組合

畫面中的字型不要超過兩種，種類少時可以增加辨識度，一旦超過兩種反而會增加理解上的困難。通常會建議標題和重點使用一種字型，其他的內容和內文使用另一種字型。

可選擇「無襯線」與「有襯線」兩種字型，搭配使用。（見圖 2-22）

無襯線的字型，看起來平整、有現代感，常被使用在商務場景中；字體比較厚重，適合用來做為標題或凸顯重點。有襯線的字型，文字端點有突出線體，看起來典雅、容易辨識，常被使用在知識內容、歷史文化或其他不那麼商業性質

看起來比較平整，有現代感、但相對較難閱讀，適合標題。

無襯線

微軟雅黑體 Microsoft YaHei
微軟正黑體 Calibri

思源宋體 **Noto Serif CJK**
有襯線 新細明體 AaBbCcDdEeFfGg

文字端點有突出線體，看起來典雅、容易辨識，適合內文。

的情境中；如果有大量文字內容時，也適合用於內文。

圖 2-22 ｜ 字型的選擇

考量到字型的通用性，可以採用谷歌（Google）提供的「思源字型」，或微軟（Microsoft）所提供的免費字型。

- 思源字型（https://www.google.com/get/noto/ #serif-hant）
  —搜尋「思源黑體」（Noto Sans CJK TC）或「思源宋體」（Noto Serif CJK TC）

- 微軟 Windows 系統內建
  —選擇「微軟雅黑體」（Microsoft YaHei）或「微軟正黑體」（Microsoft JhengHei）

一般在商務簡報的製作上，我大多會採用「微軟雅黑體」加粗體當作標題、凸顯重點之用，內文或其他輔助資訊則是用「微軟正黑體」；如果你想做出這本書中圖片所呈現

的字型效果，不妨選擇我的做法。

▌圖像風格需一致

在同一個畫面中所使用的圖像、圖片或圖示，盡可能地維持一致的風格。

比方說，避免將寫實的照片、圖片，和插畫、漫畫等放在一起；而圖示的使用上，要注意圖示的風格差異，如圖 2-23

圖 2-23｜常見的圖示風格差異性

圖 2-24｜用色塊或框線來統一圖示風格

中，有常見的彩色／單色、空心／實心、銳角／鈍角等不同風格，實務上，盡量選用相近風格的圖示來維持視覺上的一致。

用「色塊」創造一致性　　　　用「框線」創造一致性

如果畫面中有多個圖示，可以利用加上色塊或框架的方式，來統一圖示的風格，見圖 2-24。

值得一提的，是留意圖示的易讀性與共通性。

在使用圖示時，要確認是否多數人都能直覺地理解圖示所代表的意思？以及受眾對於圖示所認知到的意義都是相同的嗎？許多圖示在不同國家地區所代表的含義大不相同。

比方說「豎起大拇指」這個圖示，在許多阿拉伯國家代表的是粗魯用語，當你的畫面一秀出來，下一秒觀眾可能就翻臉了，運用圖示時需留意文化差異。（見圖 2-25）

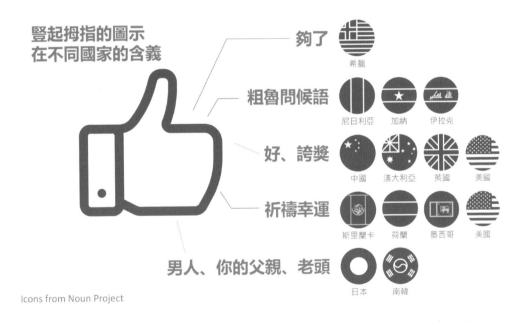

豎起拇指的圖示
在不同國家的含義

夠了　希臘

粗魯問候語　尼日利亞　加納　伊拉克

好、誇獎　中國　澳大利亞　英國　美國

祈禱幸運　斯里蘭卡　荷蘭　墨西哥　美國

男人、你的父親、老頭　日本　南韓

Icons from Noun Project

圖 2-25 ｜ 在使用圖示時，必須考慮到受眾的國情文化與習慣

版面配置的變化

當畫面中的變化愈少，可以有效降低受眾的資訊理解成本；所以，我們限制色彩方案中的顏色、採用兩種字型的組合，同時盡可能提升圖像風格的一致性。

最後要考慮的是版面配置的變化，也要愈少愈好。

比方說，畫面中的色塊、框線大小，盡可能保持在三到四種，一方面是為了創造出層次感，另一方面是為了減少受眾在視覺上的干擾。（見圖 2-26）

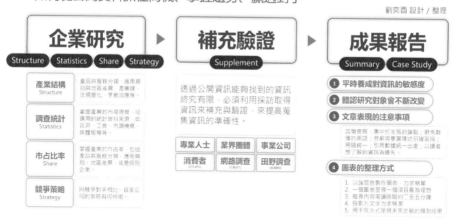

圖 2-26 ｜控制畫面中的物件大小比例，可以減少受眾視覺上的干擾

用視覺法則打造聰明對策，解決資料視覺化的難題

>>> 掌握聰明對策，做好資料視覺化

　　資料視覺化的問題，不外乎是層次感、結構性與視覺化三個方面沒有做好。

- 畫面中的資訊缺乏層次感，看不到想要傳達的訊息重點是什麼
- 畫面中的資訊缺乏結構性，看不懂資訊之間的脈絡與關聯性是什麼
- 畫面中的資訊缺乏視覺化，降低了受眾觀看的意願與訊息傳達的成效

　　因此，不論是從無到有的將資料轉化為視覺化的成果，或是將既有的作品在視覺化進行改善這類的難題，都可以採用本書提出的聰明對策來輕鬆解決。

- 聰明對策 1：利用條列式或心智圖，整理資料中所要呈現的資訊脈絡。
- 聰明對策 2：透過層次感、結構性與視覺化，改善或做出視覺化成果。

解決資料視覺化難題的聰明對策

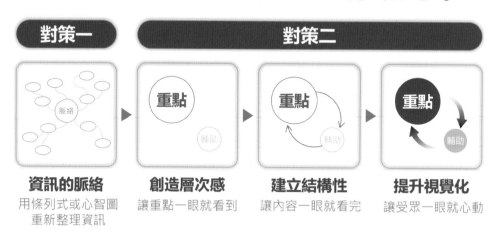

對策一

對策二

資訊的脈絡
用條列式或心智圖
重新整理資訊

創造層次感
讓重點一眼就看到

建立結構性
讓內容一眼就看完

提升視覺化
讓受眾一眼就心動

　　在第三章、第四章中,你可以找到二十道視覺化難題的
聰明對策,我將會用案例解析的方式,告訴你如何運用這裡
提到的視覺法則來做出簡單、易懂,又令人驚豔的作品。

CHAPTER 3

〔圖文篇〕
一圖勝千文，善用
圖像化降低溝通成本

學會了視覺法則，還是不會解決生活與工作場景中的視覺化難題？

這裡歸納了常見的圖文相關的視覺化難題，每一道難題都對應了解題的聰明對策！

📋 本章教你

☑ 難題 01：如何將大量文字資料化繁為簡，讓人一看就懂？

☑ 難題 02：大量文字資料又無法刪減時，如何讓訊息一目了然？

☑ 難題 03：好煩呀！有沒有簡單的方法，輕鬆做出專業的報告封面？

☑ 難題 04：不懂設計！如何製作出有質感又不落俗套的簡報範本？

☑ 難題 05：畫面複雜又要加文字！美觀易讀怎麼辦到？

☑ 難題 06：圖文搭配好難喔！有沒有簡單又不單調的方法？

☑ 難題 07：簡潔好看的團隊成員介紹頁怎麼做？

☑ 難題 08：如何快速做出吸睛、好懂的圖文懶人包？

☑ 難題 09：如何做出立體視角的圖片牆效果？

☑ 難題 10：別人的圖就是比較好看？免費素材哪裡找、怎麼用？

如何將大量文字資料化繁為簡，讓人一看就懂？

>>> 保留重點訊息是關鍵

〔# 適用於工作報告〕〔# 整理苦手救星〕

文字與符號，都是最基本的視覺化元素。

需要提出意見、表述情況、提出建議的報告，常用大量的文字輔助說明，不過值得注意的是，過多的文字內容會阻礙讀者的閱讀速度與理解，所以我們需要簡化文字，或是採用圖像、圖表或圖解的視覺化方式來降低理解的門檻。但是，真正讓人有記憶的還是文字，因此視覺化的重點會放在文字與圖像之間如何保持平衡。

因此，我們面對的關鍵課題有兩項：

① 該如何精簡文字，又能保留核心邏輯與訊息？

② 視覺化的過程中，文字與圖像的比例應該如何拿捏？

有效解決這兩項關鍵課題的聰明對策，就是整理「資料脈絡」，與運用「視覺法則」。

- 聰明對策 1：運用條列或心智圖，整理出資料中的脈絡。
- 聰明對策 2：運用視覺法則（層次感、結構性與視覺化）做出視覺化成果。

用「條列」來整理文字資料，又不希望變成流水帳

工作時，不管是工作報告還是資料整理、會議記錄等，當需要整理想法，歸納某些重點時，會利用「條列」來整合複雜的內容，讓人一眼就能掌握內容全貌，一看就懂，因此企業或組織也常運用，梳理重點。

雖然工作上常見，不過如果你以為只要將文字「一條一條地列出來」就可以了，其實是誤解了條列的用法。我到公家機關演講時，就常遇到這樣的提問：

「老師，有一個問題我想請教你。「就是呢，主管要我用條列式整理資料。我做好了，結果主管說字太多了。所以我就把字弄少一點，但主管還是不滿意，說這是流水帳、他看不懂。

「老師，我真的很傷腦筋耶！你可以幫我看看該怎麼改善嗎？」

當對方將報告拿給我，我一看就說：這是 ××× 出現了問題。（見圖 3-1）

關於可攜式設備與儲存媒體管理的正確方式與注意事項

- 私人之可攜式設備禁止連結中心公務網段，包括OA區、開發區、測試實驗室。
- 中心密級（含）以上之資訊禁止儲存於私人之可攜式設備與儲存媒體。
- 密級（含）以上之資訊禁止未經加密儲存於中心配發之可攜式儲存媒體，若屬檔案交換用途，應於交換後立即刪除。
- 於機房使用可攜式設備與儲存媒體必須經申請核准方可使用，並填寫機房可攜式設備與儲存媒體使用申請表。
- 中心配發之可攜式設備與儲存媒體禁止儲存非法之資料。
- 利用電腦設備讀取可攜式儲存媒體資料時，須確保病毒防護程式已啟動。

圖 3-1 ｜學員提供的條列文字內容

在這頁報告內容中，你看出了什麼問題嗎？

1. 太多專業用語

2. 條列不應該換行

3. 這些條列之間看不出結構性

4. 標題太冗長了

5. 我覺得沒有問題

如果你選擇了最後一個答案，或者認為前面四個答案都是對的，我想你可能不太清楚如何正確地運用「條列」；或許下一次要將文字條列時，也會犯下同樣的錯誤而不自知。

首先，太多專業用語，對你我可能是問題，但對於這位學員來說並不是問題；因為他面對的受眾都是熟悉這方面的工作者。如果專業用語有可能造成受眾理解上的阻礙，那麼我們就應該多做說明，或者用另一種容易被理解的方式呈現，比方說：圖像、圖解或更多的文字。

其次，每一個條列的文字量盡可能保持在一行內、能不換行就不換行，將有助於受眾的閱讀與理解；但有時為了保持完整的語意，有可能文字量會超過一行，也是可以接受的。不需要為了將條列文字限縮在一行之內，過度刪減文字而失去了傳達訊息的意義。

回到這張報告，其實是內容的結構出了問題。之所以看起來像是流水帳，是因為即使將這些條列隨意調換位置，也看不出有什麼差別，這就是缺乏結構性所造成的。此外，這些資訊的內容也缺乏層次感，讓人無法一眼看出主題、重點是什麼。

那麼，解決以上問題的聰明對策是什麼呢？

聰明對策 1：整理出資料中的脈絡

在重新理解了這張報告內容的文字之後，我用心智圖整理出脈絡。（見圖 3-2）

圖 3-2 ｜利用心智圖整理出報告內容的脈絡

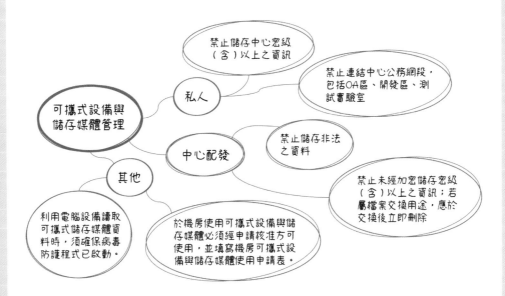

原本散落的條列資訊，現在看起來有了結構性和清晰的脈絡。接下來，我們可以運用視覺法則來將這些內容轉化為視覺化的成果。

聰明對策 2：運用視覺法則做出視覺化成果

在整理出資訊的脈絡之後，就是透過前面提過的三項視覺法則重新調整。

第一步，是創造出層次感，也就是區隔出「主題、重點與輔助內容」讓人一眼就看到重點。

- **主題**：可攜式設備與儲存媒體管理的規則
- **重點**：依「私人」與「中心配發」而有規則上的不同；此外還有一些注意事項。

除了主題與重點之外的，都可以視為輔助內容。

不過，人能處理的資訊相當有限，對於三個以內的訊息還可以輕鬆記住，一旦超過這個數字，就會增加記憶的困難，甚至失去動機與興趣；所以，最好將條列控制在三個是最理想的數字。

如果超過三個怎麼辦？只要將這些條列分類，讓每一個分類下條列數目不超過三個，就能維持內容的易讀性，同時也能進一步賦予結構上的層次感。

第二步，是建立起結構性，也就是透過排版的方式來引導視線。在這裡我們仍舊採取由上而下的條列呈現。

第三步，是展現出視覺化，利用留白、對齊、對比、親密與一致性來讓畫面更有質感。

最後，我們可以得到一張層次分明、結構清晰，又富有視覺性的報告內容。（見圖 3-3）

可攜式設備與儲存媒體管理

| 私人之可攜式設備與儲存媒體

- 禁止儲存中心密級（含）以上之資訊
- 禁止連結中心公務網段，包括OA區、開發區、測試實驗室

| 中心配發之可攜式設備與儲存媒體

- 禁止儲存非法之資料
- 禁止未經加密儲存密級（含）以上之資訊；若屬檔案交換用途，應於交換後立即刪除

| 使用注意事項

- 利用電腦設備讀取可攜式儲存媒體資料時，須確保病毒防護程式已啟動。
- 於機房使用可攜式設備與儲存媒體必須經申請核准方可使用，並填寫機房可攜式設備與儲存媒體使用申請表。

圖 3-3 ｜運用視覺法則重新調整過的報告內容

 案例重點提醒

1. 會讓人覺得像流水帳，是因為條列內容缺乏結構性。
2. 運用心智圖重新整理條列內容的脈絡。
3. 當條列的數目超過三個時，可以利用分類來創造層次感。

文字型投影片的再進化，讓訊息精簡、濃縮、好記憶！

保羅是一位在金融公司負責市場行銷的員工。

在 2016 年的某天早上，保羅一進公司，主管隨即過來跟他說：「半個小時後，蒐集一下英國脫歐對金融的影響，向我報告。」

「喔，又是這麼突然。」保羅心想著。

很快地，保羅打開電腦，熟練地用「英國」、「脫歐」、「金融」幾個關鍵字搜尋，立刻就出現一連串相關的文章。

「哈，搞定。」

保羅瀏覽了一下這些文章的標題與來源，迅速地挑了幾篇打開來看，然後快速地複製、貼上完成了簡報。半個小時後，保羅進入會議室很快地向主管進行了報告。（見圖 3-4）

英脫蝴蝶效應 全球金融洗牌 （經濟日報社論 2016/07/11）

英國脫歐的連鎖效應，也在歐元區國家開始發酵，義大利可能成為第一張骨牌。根據義大利央行統計，義大利整體金融壞帳高達3,600億歐元，壞帳率達18.1%；占歐元區上市銀行全部壞帳將近一半。英國脫歐效應加重義大利銀行壓力，金融危機一觸即發。偏偏和英國脫歐公投類似的戲碼今年10月將在義大利上演，總理倫齊為結束義大利政局動盪，就義國政治體系改革發起全民公投，並承諾如公投失敗，願意辭職。

倫齊在政治上孤注一擲，假若不幸步上英國首相卡麥隆後塵，義大利反體制、民粹主義的五星運動黨有可能取而代之，屆時義大利脫歐可能性將大大提高；其骨牌效應亦會造成歐洲銀行業大規模違約風險及歐元區的瓦解危機。

歐元區及歐元的危機，將促使全球資金湧向美元、日圓、瑞士法郎等避險貨幣，市場預測未來一年美元將持續走強，此一趨勢亦將打亂美國聯準會（Fed）升息步調，到今年年底前聯準會至多再升息一次，甚至可能不升息。

日圓升值幅度更銳不可擋，上周五日圓匯率收盤已逼近100日圓兌1美元關卡，較英國脫歐公投前累計升值幅度逾3.3%；因為日圓近月升幅已高，預料未來美元走強後或可能小幅回貶。惟日圓恢復強勢，將徹底瓦解安倍三箭效力，日本經濟會否再陷長期停滯，備受考驗。

更值得注意的是人民幣匯率走勢，上周人民幣兌美元匯率跌至6.69元兌1美元，創2010年11月以來新低；美國媒體CNN將人民幣再貶值形容為較英國脫歐更令人擔憂的市場動向，不但可能再次引發中國大陸資本外流，甚至可能會在美國引起政治風暴，授予共和黨總統候選人川普指控北京政府藉操縱匯率獲取不合理的出口競爭優勢，進而影響選舉結果。

圖 3-4 ｜將文字直接複製貼上的報告內容

是不是很熟悉？

或許在螢幕前看著這本書的你，正在熟練地使用著「Search」、「Copy」和「Paste」完成每天頻繁的報告工作。

在網路時代，每天都有數以萬計的資訊被放上網路，一個新聞事件發生不到半天，就有熱心的網友整理出摘要、懶人包，不須花費太多力氣，就可以享用這些資訊，太方便了，不是嗎？

但是，當保羅蒐集並整理好有關於英國脫歐對於金融的影響，在他向主管報告時，能不能再多做些什麼？我們再來看看保羅做的報告。

嗯，保羅不愧是有經驗的資深員工，至少他做到了「對齊、親密、一致」這些文字排版時該注意的技巧，讓畫面看起來不至於太雜亂。我曾經看到更多比這還糟糕的，就像小孩子做拼貼一樣，各種大小、各式字體充斥著整個畫面，因為真的就是「複製貼上」（Copy & Paste）。

不過這還不夠。一份好的報告內容，應該是很容易被你的受眾理解的。如果只是照著報告內容念一遍，相信主管也不需要在半小時後開這個會；只要請保羅寄給主管，有空再看就好了。

那麼，我們可以怎麼調整這份報告，讓資訊更好理解？

聰明對策 1：整理出資料中的脈絡

保羅的這份報告內容來自於一篇社論，在重新理解了文字內容之後，我們利用「拆文成段、拆段成條」的技巧，將文字內容整理為條列的形式。（見圖3-5）

圖 3-5 ｜拆文成段、拆段成條，將文章段落整理成條列的脈絡

聰明對策 2：運用視覺法則找出文字與圖像的完美比例

在整理出資訊的脈絡之後，進一步透過「層次感」、「結構性」、「視覺化」三項視覺法則重新處理投影片的整體視覺。

第一步，是創造出層次感，也就是區隔出「主題、重點與輔助內容」的層次。

- **主題**：英國脫歐對全球金融帶來的蝴蝶效應
- **重點**：義大利會是首當其衝受影響的國家、避險貨幣會成為熱錢追逐的對象。

其餘文字都是輔助內容，但還是有點太多了。我們可以試著將每個條列文

字在保留原意的條件下再簡化，讓訊息更容易被理解。

比方說，內容中的「英國脫歐的連鎖效應，也在歐元區國家開始發酵，義大利可能成為第一張骨牌。」這句話可以簡化為「英國若脫歐，義大利可能會是下一個」的說法。

而「根據義大利央行統計，義大利整體金融壞帳高達 3,600 億歐元，壞帳率達 18.1%；占歐元區上市銀行全部壞帳將近一半。英國脫歐效應加重義大利銀行壓力，金融危機一觸即發。」這一大段話，也可以用「金融壞帳高達 3,600 億歐元，占歐元區整體壞帳一半，恐爆金融危機」來取代。

其他內容以此類推，將所有的條列文字，用自己的意思重新詮釋一遍來達到簡化的目的。（見圖 3-6）

英脫蝴蝶效應 全球金融洗牌 （經濟日報社論 2016/07/11）

義大利銀行爆壞帳

- 英國若脫歐，義大利可能會是下一個
- 金融壞帳高達3,600億歐元，占歐元區整體壞帳一半，恐爆金融危機
- 今年10月舉行脫歐公投，脫歐風險大增
- 若脫歐成功，將引發歐洲銀行業大規模違約風險及歐元區的瓦解危機

避險貨幣反向走強

- 全球資金湧向美元、日圓、瑞士法郎等避險貨幣
- 美元走強，將減緩美國升息步調
- 日圓走強將瓦解安倍三箭效力，日本經濟恐再陷長期停滯
- 人民幣貶值導致亞洲資金逃竄，影響全球金融加劇

圖 3-6 ｜簡化文字內容後以條列的方式呈現

接著，類似前一個案例的做法，在「結構性」採用條列的方式、在「視覺化」上運用留白、對齊、對比、親密與一致等視覺原則來優化，這樣就是最基本的文字型內容呈現。（圖 3-7）

英脫蝴蝶效應　全球金融洗牌

▌義大利銀行爆壞帳

- 英國若脫歐，義大利可能會是下一個
- 金融壞帳高達3,600億歐元，占歐元區整體壞帳一半，恐爆金融危機
- 今年10月舉行脫歐公投，脫歐風險大增
- 若脫歐成功，將引發歐洲銀行業大規模違約風險及歐元區的瓦解危機

▌避險貨幣反向走強

- 全球資金湧向美元、日圓、瑞士法郎等避險貨幣
- 美元走強，將減緩美國升息步調
- 日圓走強將瓦解安倍三箭效力，日本經濟恐再陷長期停滯
- 人民幣貶值導致亞洲資金逃竄，影響全球金融加劇

（經濟日報社論 2016/07/11）

圖 3-7 │ 文字型內容的基本視覺化呈現方式

但是你可能會想，如果報告中每一頁都這樣呈現，似乎也會讓主管感到了無新意，甚至可能失去了興趣。那麼，我們可以試著運用圖解、圖像的方式來呈現資訊。

▌從文字到圖解、圖像的再進化過程

比方說，在「結構性」上可以採用流程的方式來呈現出「因果關係」的資訊脈絡；然後在「視覺化」上運用色塊與文字大小製造出「對比」的效果。（見圖 3-8）

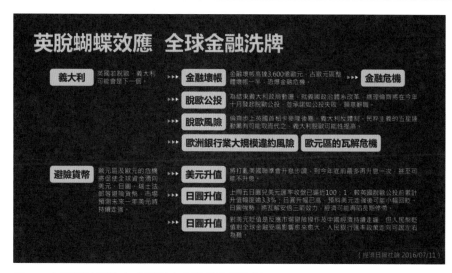

圖 3-8 │運用流程的方式展現出資訊的因果關係

　　或者，可以將圖解內容的文字再進一步精簡，讓讀者一眼就能掌握關鍵字與訊息。（見圖 3-9）

圖 3-9 │精簡文字內容，保留關鍵字與重點訊息來呈現

如果你對自己的記憶力、演說技巧有自信，還可以像這樣用圖像來營造氛圍。（見圖 3-10）

圖 3-10 │ 用圖像結合關鍵訊息的方式吸引受眾的目光

　　這時候，報告的焦點就在於你自己，由你來交代細節，主管只需要記得英國脫歐對金融的影響，有兩個重點。

　　看完之後，有沒有躍躍欲試的衝動？

　　請記得大量文字內容的化繁為簡，只有一個原則：就是「簡單」。

　　但簡單不是「過度簡化」，而是給人「簡潔有力」的感受。在精簡的過程中如何萃取出關鍵字和表達的重點，需要經驗的累積。而資訊的重新排列組合，更是需要對內容具有一定程度的了解，才能做出專業的陳述。

　　最後的視覺化步驟，請掌握好時間。

　　先求有再求好，是職場上高產出的不二法門；先做出條列式的投影片，有餘裕再做進化版的設計。

▍你希望呈現給對方什麼樣的資訊景色？

資料視覺化的過程，可以想像成一個金字塔。（見圖 3-11）

在金字塔的底端，是完整的初階資料，也就是將最初蒐集到的文字內容經過簡單的整理就直接呈現出來；而金字塔中間的切面，則是逐步簡化內容的文字比例、加入自己消化後的觀點想法，重新組合出的視覺化成果。愈往金字塔的頂端移動，所保留的細節也就愈少，會更偏向結構性、視覺化的圖解或圖像表現，也就愈容易讓受眾直覺地理解訊息。

在金字塔的頂端，可能就將資訊精簡到只剩下一句話。如果只呈現出一句話而沒有任何的說明，相信受眾是不太可能知道內容在說什麼的。所以，資料的精煉化其實是有其極限的，可能是靠近金字塔頂端的某一切面，因為視覺化的目的還是為了讓受眾容易理解。

在圖中，你可以清楚地看到從「初階資料」到「精簡界限」的各種視覺化呈現結果。

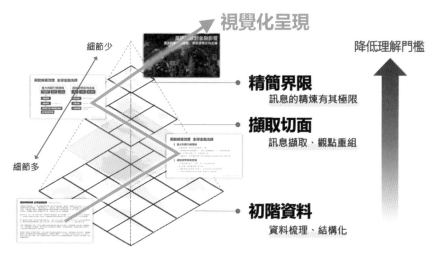

圖 3-11 ｜ 資料視覺化的三個階段

將大量文字內容化繁為簡的過程，可以想像為當你站在台北 101 的不同樓層，看到的景色細節也會不同，愈往高樓層看到的細節愈少，但相對更能掌握全貌；而愈往低樓層看到的細節愈多，但相對僅能描繪出局部的樣貌。（見圖 3-12）

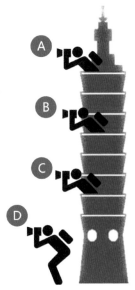

同樣的景色，看到的細節與重點不同，描述的方法也不同。

即使同樣高度，感受也因人而異。

圖 3-12 ｜ 文字內容的化繁爲簡，取決於希望展現的高度

　　對於每個人來說，即使是相同的資料，組成的金字塔結構也會大不相同；這是因為在資料精簡與視覺化的過程中，個人的理解與觀點可能有所不同，進而影響到呈現出來的內容也會不同。

　　即使是站在相同樓層的兩個人，對於所見景色的理解與詮釋也會大不相同；同樣的景色，看到的細節與重點不一樣，描述的方式也會相異，所以，在呈現畫面的視覺自然也有所不同。

　　而你，又希望呈現給對方什麼樣的資訊景色呢？

案例重點提醒

1. 大量文字的內容可以藉由「拆文成段、拆段成條」來整理出脈絡。

2. 視覺化的過程要掌握文字量比例的拿捏,讓受眾容易理解、自己方便說明。

3. 先求有、再求好。先完成條列形式的內容呈現,有餘裕再來思考提升視覺體驗。

大量文字資料又無法刪減時，如何讓訊息一目了然？

>>> 思考的是層次如何區分

(# 適用於合約、法律條文)　(# 客戶說不准刪文時)

　　說到化繁為簡，多數人都會毫不猶豫地說：文字應該愈少愈好！多用圖像取代文字！

　　就像我在第一道難題中提到的做法，從大量文字內容中整理出脈絡、萃取出訊息，然後用圖解、圖像的方式來增加視覺上的體驗感，讓訊息的傳達更精簡、濃縮、好記憶！

　　這樣的說法，在大多時候是對的，但是在有些場景中做不到。比方說，合約或法例條文，刪減一個字，意思可能就天差地遠，文字內容本身就不允許被刪減；或是資料的提供者不希望你刪減文字的內容，也可能在刪減之後，資料內容還是很多。那麼，在不刪減內容的情況下，又該如何讓這些文字內容可以一目了然呢？

　　當需要呈現的資訊量很龐大，又受限於不能大幅刪減時，我們該思考的是：如何讓這些資訊的層次能夠清楚地區別出來？

　　有效解決這兩項關鍵課題的聰明對策，就是整理出「資料脈絡」與運用「視覺法則」，協助補強。

- 聰明對策1：運用條列或心智圖，整理出資料中的脈絡，挑出重點。

- 聰明對策2：運用層次感、結構性、視覺化三種視覺法則，吸睛、引導重點。

 **案例 03**

賽事贊助企劃書的書面說明文件

有一次，我受邀到中華奧會進行一場關於「賽事提案」的主題演講；演講結束後，現場有位聽眾提問：

「老師，我知道簡潔有力地傳達訊息，可以讓對方更容易理解。但是，有許多的報告我不一定有機會當面說明，都是先提供書面報告。如果書面報告的內容過於簡略，對方可能就看不懂而失去了提案的機會……而有些內容是主管提供的，也不能做刪減，我該怎麼辦？」

她拿了一份簡報給我看，希望我能針對這張投影片的內容給些建議。（見圖 3-13）

贊助企劃書的內容規劃

- 提供數據化資料，證明賽事的商業價值。包括賽事背景介紹、參賽國家數、隊伍數、選手數、選手競技水準、明星運動員、賽事觀賞人數（含現場、電視、網路）、合作媒體及轉播單位、媒體報導次數、贊助廠商家數、賽事官方網站、粉絲專頁累計流量等。
- 提議具體合作方案，吸引企業贊助。跟著以下步驟，規劃合作方案不再想破頭！！
- 盤點回饋資源：詳細盤點賽事籌備至舉辦各個階段可成為贊助方案標的的人、事、物，整合可運用之資源，例如：獎項贊助、服裝贊助、冠名贊助、商標授權、場佈文宣等聯合廣告露出資源。
- 盤點可利用資源時，須留意主辦方與國際總會的權利義務關係，如贊助商露出的管道等。
- 通盤瞭解尋求贊助的目標企業經營理念、經營項目、主要客群等資訊，擬定客製化合作方案，契合目標企業的實際需求。客製化合作方案是招商過程的籌碼，準備工作越詳細，成功的機率也就更高。

圖 3-13 文字量很多、又無法刪減的投影片內容

從內容來看，的確能刪減的程度有限。重點是資料主管提供的，相信也不敢貿然去刪改內容。那麼，像這樣的文字內容該如何化繁為簡呢？其實，還是可以運用先前提到的兩個聰明對策。

聰明對策 1：整理出資料中的脈絡

　　重新理解這張投影片，可以發現文字內容在說明兩件事。（見圖 3-14）

- 提供數據化資料，證明賽事的商業價值。
- 提議具體合作方案，吸引企業贊助。

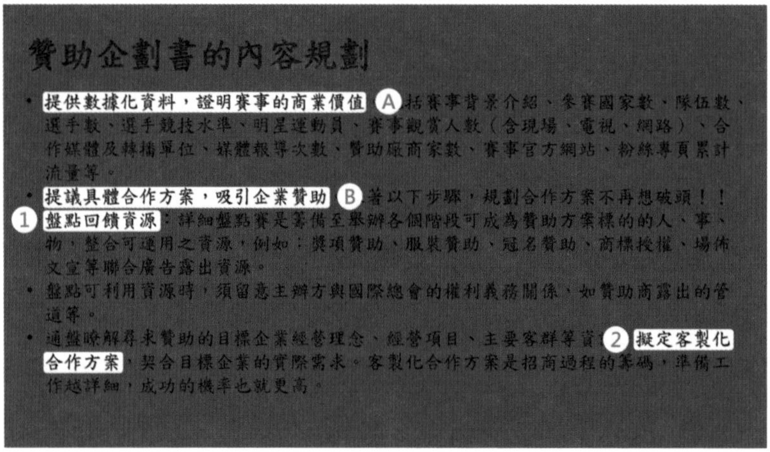

圖 3-14 ｜ 理解文字內容、找出關鍵訊息

　　然後，我用心智圖重新整理了文字內容的脈絡。（見圖 3-15）

圖 3-15 ｜用心智圖整理出文字內容的脈絡

聰明對策 2：運用視覺法則讓無法刪減的文字也能一目了然

用心智圖整理出文字資料的內容脈絡後，接下來運用前面教過的視覺化法則，強化畫面的溝通效果。

第一步，是創造出層次感，也就是區隔出「主題、重點與輔助內容」的層次。

- **主題**：贊助企劃書的內容規劃
- **重點**：提供數據化資料，證明賽事的商業價值；提議具體合作方案，吸引企業贊助（又分為兩個步驟）

第二步，是建立起結構性。在內容無法「刪減」的條件下，我們可以反向思考來「增加」關鍵字讓訊息的層次區隔出來，也就是增加條列的階層。比方說，原本的文字內容是一個階層的條列式，必須逐條閱讀完之後，才能理解內

容所要傳達的資訊；改善這個問題的最好方式，就是根據聰明對策中整理出來的資料脈絡，重新調整為三個階層的條例式。

　　將原本的條列文字做為第三個階層，而萃取出來的關鍵字做為第二個階層。最後再將歸納出來的重點做為第一個階層。如此一來，讀者會先閱讀到第一個階層的資訊，能夠更快速地了解內容要傳達的訊息事什麼，然後有需要再閱讀第二個階層、第三個階層的資訊。這樣的作法就能創造出資訊的層次感、降低讀者理解的難度與時間。（見圖 3-16）

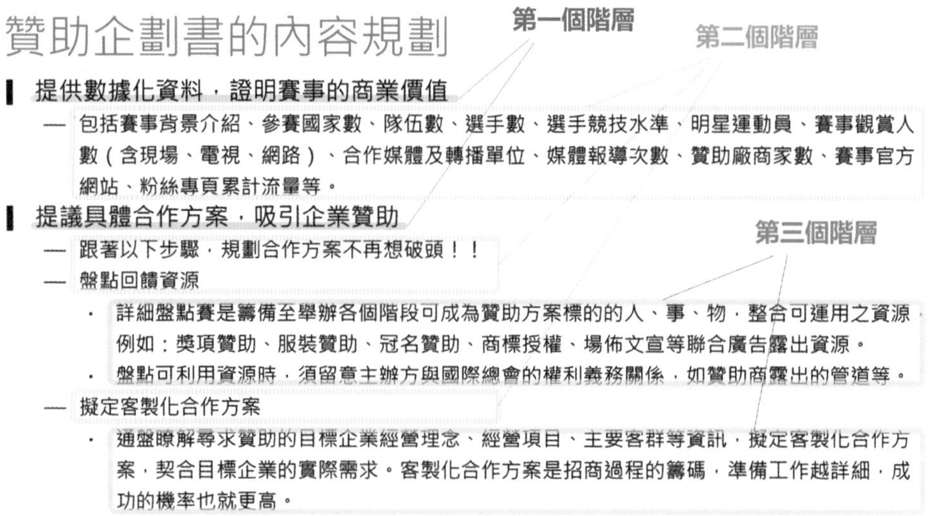

贊助企劃書的內容規劃

第一個階層　　第二個階層

▎提供數據化資料，證明賽事的商業價值
　— 包括賽事背景介紹、參賽國家數、隊伍數、選手數、選手競技水準、明星運動員、賽事觀賞人數（含現場、電視、網路）、合作媒體及轉播單位、媒體報導次數、贊助廠商家數、賽事官方網站、粉絲專頁累計流量等。

▎提議具體合作方案，吸引企業贊助
第三個階層
　— 跟著以下步驟，規劃合作方案不再想破頭！！
　— 盤點回饋資源
　　· 詳細盤點賽事籌備至舉辦各個階段可成為贊助方案標的的人、事、物，整合可運用之資源，例如：獎項贊助、服裝贊助、冠名贊助、商標授權、場佈文宣等聯合廣告露出資源。
　　· 盤點可利用資源時，須留意主辦方與國際總會的權利義務關係，如贊助商露出的管道等。
　— 擬定客製化合作方案
　　· 通盤瞭解尋求贊助的目標企業經營理念、經營項目、主要客群等資訊，擬定客製化合作方案，契合目標企業的實際需求。客製化合作方案是招商過程的籌碼，準備工作越詳細，成功的機率也就更高。

圖 3-16 ｜藉由「增加」關鍵字來創造出資訊的層次感與結構性

　　第三步是利用留白、對齊、對比、親密與一致性等視覺元素，強調資訊。圖 3-17 中，適度留出空白，並向左對齊所有的文字。同時，將標題文字加粗，並將上圖中整理出來的關鍵字，分別加色字強調，同樣層次的標題用一致的顏色，讓讀者一眼就能分辨出層級，立刻抓住視覺重心。

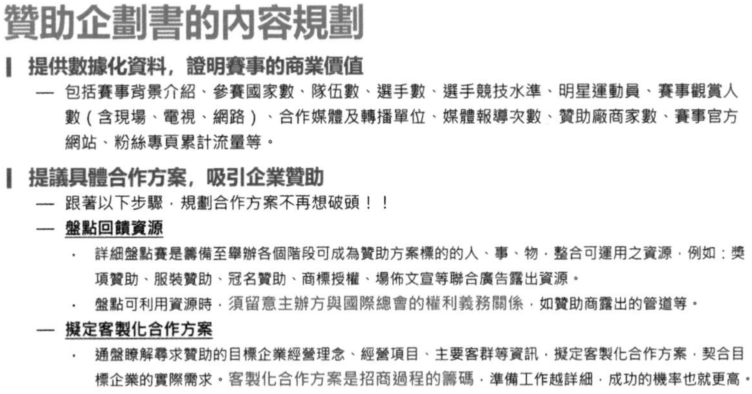

贊助企劃書的內容規劃

▌提供數據化資料，證明賽事的商業價值

— 包括賽事背景介紹、參賽國家數、隊伍數、選手數、選手競技水準、明星運動員、賽事觀賞人數（含現場、電視、網路）、合作媒體及轉播單位、媒體報導次數、贊助廠商家數、賽事官方網站、粉絲專頁累計流量等。

▌提議具體合作方案，吸引企業贊助

— 跟著以下步驟，規劃合作方案不再想破頭！！

— **盤點回饋資源**

· 詳細盤點賽事是籌備至舉辦各個階段可成為贊助方案標的人、事、物，整合可運用之資源，例如：獎項贊助、服裝贊助、冠名贊助、商標授權、場佈文宣等聯合廣告露出資源。

· 盤點可利用資源時，須留意主辦方與國際總會的權利義務關係，如贊助商露出的管道等。

— **擬定客製化合作方案**

· 通盤瞭解尋求贊助的目標企業經營理念、經營項目、主要客群等資訊，擬定客製化合作方案，契合目標企業的實際需求。客製化合作方案是招商過程的籌碼，準備工作越詳細，成功的機率也就更高。

圖 3-17 │ 經過思考後的視覺化，可以立即增加溝通效益，重點一目了然

▌無法刪減的文字內容，只能採用條列呈現嗎？那倒未必！

內容如果可以精簡，在萃取關鍵字或重點訊息之後，可以利用圖解或圖像的方式來呈現；如果內容無法刪減，就反向操作將萃取出來的關鍵字或重點訊息，加入內容來創造層次感與結構性。條列只是最快速、簡單的方式，但不是唯一。我們還是可以運用一些幾何元素來增加視覺化的設計感。（見圖 3-18、3-19）

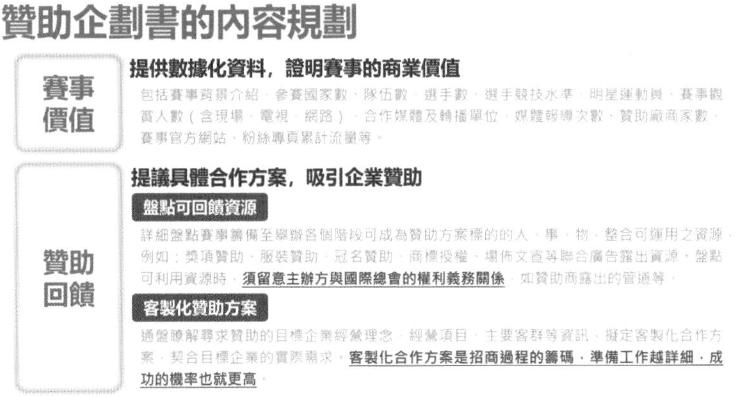

贊助企劃書的內容規劃

賽事價值	**提供數據化資料，證明賽事的商業價值** 包括賽事背景介紹、參賽國家數、隊伍數、選手數、選手競技水準、明星運動員、賽事觀賞人數（含現場、電視、網路）、合作媒體及轉播單位、媒體報導次數、贊助廠商家數、賽事官方網站、粉絲專頁累計流量等。
贊助回饋	**提議具體合作方案，吸引企業贊助** **盤點可回饋資源** 詳細盤點賽事籌備至舉辦各個階段可成為贊助方案標的人、事、物，整合可運用之資源，例如：獎項贊助、服裝贊助、冠名贊助、商標授權、場佈文宣等聯合廣告露出資源，盤點可利用資源時，**須留意主辦方與國際總會的權利義務關係**，如贊助商露出的管道等。 **客製化贊助方案** 通盤瞭解尋求贊助的目標企業經營理念、經營項目、主要客群等資訊，擬定客製化合作方案，契合目標企業的實際需求。**客製化合作方案是招商過程的籌碼**，準備工作越詳細，成功的機率也就更高。

圖 3-18 │ 運用幾何元素增加「視覺化」的設計感

贊助企劃書的內容規劃

提供數據化資料，證明賽事的商業價值

- 賽事背景介紹
- 參賽國家數
- 隊伍數、選手數
- 選手競技水準
- 明星運動員
- 賽事觀賞人數（含現場、電視、網路）
- 合作媒體及轉播單位
- 媒體報導次數
- 贊助廠商家數
- 賽事官方網站
- 粉絲專頁累計流量

賽事價值

贊助回饋

提議具體合作方案，吸引企業贊助

盤點可回饋資源

詳細盤點賽事籌備至舉辦各個階段可成為贊助方案標的的人、事、物，整合可運用之資源，例如：獎項贊助、服裝贊助、冠名贊助、商標授權、場佈文宣等聯合廣告露出資源。盤點可利用資源時，**須留意主辦方與國際總會的權利義務關係**，如贊助商露出的管道等。

客製化贊助方案

通盤瞭解尋求贊助的目標企業經營理念、經營項目、主要客群等資訊，擬定客製化合作方案，契合目標企業的實際需求。**客製化合作方案是招商過程的籌碼，準備工作越詳細，成功的機率也就更高。**

圖 3-19 │ 運用幾何元素增加「視覺化」的設計感

 案例重點提醒

1. 不能刪減文字內容，就反向思考「增加」關鍵字來建立畫面的層次感。

2. 幾何元素也是可以用來豐富視覺，改變畫面的視覺重點。

將企業官網的說明內容，製作成新人訓練的文件

　　企業官網上有關闡述企業願景、理念、發展歷史，以及產品或服務介紹等資訊，都是新人訓練（NEO, New Employee Orientation）或是製作銷售簡報（Sales Kits）時的重要素材。

　　如果想直接自官網擷取內容用在簡報或文件上，由於網站內容大都是文字敘述，如果沒有經過摘要整理而直接「複製＆貼上」，只會暴露出不用心，讓整份文件顯得冗長沒重點；此外，官網的內容大多經過內部審核，想要精簡文字不是那麼容易。因此，既要保留完整的文字內容，又要清楚傳達訊息，真是一大挑戰。

　　在一次企業培訓的過程中，我就遇到了這樣的難題。

　　「老師，這是我們公司網頁上關於企業理念與文化的資料。」

　　「在新人訓練時，這是很重要的訊息，能讓新進員工都能清楚公司的價值觀。」

　　「但是說真的，每次都只能照著內容念或是請員工自己看，成效真的很不好！」

　　「不知道有沒有好方法，可以改善這個問題？」

　　碰到上述不能刪文字，卻又要清楚表達時，你會怎麼做？（見圖 3-20）

企業理念與文化

創造價值
創造企業的價值，是全體同仁共同的信念與目標。追求企業的成長、獲利與永續發展，是公司對產業、社會及全體股東的責任。在此一共同的信念下，我們專注本業，強化核心技術，提昇服務，實踐我們創造企業價值的承諾。

全心成全客戶
為客戶創造價值，是我們所有作為的依據。
以最大的努力承諾，提供先進的技術、符合市場需求的產品、密切互動與溝通、高效率的生產控管、良好的成本控制、確實的交期、穩定的品質、迅速的服務，一切以客戶的滿意為最高準則。

品質優先
品質的提升與穩定，是我們不變的命題。藉由ISO 9001國際品質認證的品質管理制度，及對於品質要求的經驗傳承與訓練，每一個生產、開發、銷售的環節，全程以嚴謹的標準不斷驗證、檢視、偵錯、實驗，使得我們的品質與服務能獲致客戶最大的滿意。

團隊合作
團隊的創造力是公司更上層樓的基石。對於員工，我們給予訓練、教育、照顧。在健全舒適的工作環境與氣氛中，人力資源有效率地分配，建立充分授權的工作空間，依適才適所的原則提供各種工作挑戰與機會，配合合理的薪資，及以個人績效為衡量的獎酬制度。
我們鼓勵員工在工作上依個人才學興趣盡情發揮，展現個人能力與創意，並分享全員共同努力的成果與榮耀。

圖 3-20 ｜從企業官網上擷取資料，所製作的投影片內容

這張投影片的問題在於「層次感」不足，雖然內容分為副標以及內容兩階層的架構，並用了紅色字體來凸顯副標；但由於紅色標題的用字過於簡略，無法直覺地連結內容所要傳達的重點。面對這樣的問題，可以透過「增加」階層的做法來解決；同樣地，我們採用兩個聰明對策來處理這個案例。

聰明對策 1：整理出資料中的核心脈絡，找出企業希望傳達的核心訊息是什麼？

重新理解這張投影片的內容，萃取出每個段落中的關鍵訊息，如圖 3-21所示，共擷取出四段，分別是：①創造企業的價值，是全體同仁共同的信念與目標；②為客戶創造價值，是我們所有作為的依據；③品質的提升與穩定，是我們不變命題；④團隊的創造力是公司更上層樓的基石。

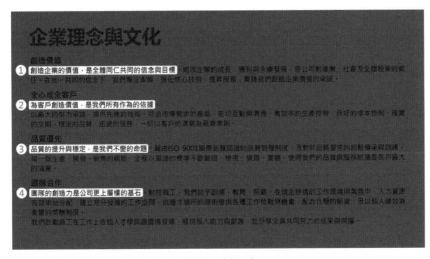

企業理念與文化

創造價值
① 創造企業的價值，是全體同仁共同的信念與目標。攸關企業的成長、獲利與永續發展，是公司對產業、社會及全體股東的責任。在此一共同的信念下，我們專注本業，強化核心技術、提昇服務，實踐我們創造企業價值的承諾。

全心成全客戶
② 為客戶創造價值，是我們所有作為的依據。以龐大的壓力承諾，提供先進的技術，符合市場需求的產品，密切互動與溝通，高效率的生產控管，良好的成本控制，確實的交期，穩定的品質，迅速的服務，一切以客戶的滿意為最高準則。

品質優先
③ 品質的提升與穩定，是我們不變的命題。藉由ISO 9001國際品質認證的品質管理制度，及對於品質要求的經驗傳承與訓練，每一個生產、開發、銷售的環節，全程以嚴謹的標準不斷驗證、檢查、偵錯、實驗，使得我們的品質與服務能達到客戶最大的滿意。

國際合作
④ 團隊的創造力是公司更上層樓的基石。對於員工，我們給予訓練、教育、栽蘆、在健全舒適的工作環境與氣氛中，人力資源有效率地分配，建立充分授權的工作空間，依適才適所的原則提供各種工作挑戰與機會，配合合理的薪資，及以個人績效為準據的獎酬制度。
我們鼓勵員工在工作上依循人才學與適履博發揮，展現個人能力與創意，並分享全員共同努力的成果與榮耀。

圖 3-21 │ 重新理解與摘出每個段落的關鍵訊息

　　然後將原本「副標、內容」的兩階層架構，重新整理為「副標、關鍵訊息、內容」這樣的三階層架構。（見圖 3-22）

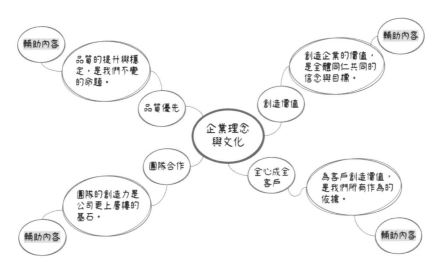

圖 3-22 │ 用心智圖重新整理出內容架構的脈絡

聰明對策 2：運用視覺法則讓關鍵訊息一眼就看見

第一步，是創造出畫面的層次感。

在前面已經區分為「副標、關鍵訊息、內容」的層次架構，所以後續只需要運用「對比」的方式，將三者的層次區隔出來就可以。

接下來的第二步、第三步，是建立起內容結構與設計能讓人更好閱讀的視覺溝通方案。

最簡單的方式，就是採用條列式的列點呈現結構，再運用顏色、大小的對比來凸顯層次，更好閱讀。（見圖 3-23）

企業理念與文化

創造價值
— 創造企業的價值，是全體同仁共同的信念與目標。
　・追求企業的成長、獲利與永續發展，是公司對產業、社會及全體股東的責任。在此一共同的信念下，我們專注本業、強化核心技術，提昇服務，實踐我們創造企業價值的承諾。

全心成全客戶
— 為客戶創造價值，是我們所有作為的依據。
　・以最大的努力承諾，提供先進的技術、符合市場需求的產品、密切互動與溝通、高效率的生產控管、良好的成本控制、確實的交期，穩定的品質、迅速的服務，一切以客戶的滿意為最高準則。

品質優先
— 品質的提升與穩定，是我們不變的命題。
　・藉由ISO 9001國際品質認證的品質管理制度，及對品質要求的經驗傳承與訓練，每一個生產、開發、銷售的環節，全程以嚴謹的標準不斷驗證、檢視、偵錯、實驗，使得我們的品質與服務能獲致客戶最大的滿意。

團隊合作
— 團隊的創造力是公司更上層樓的基石。
　・對於員工，我們給予訓練、教育、照顧。在健全舒適的工作環境與氣氛中，人力資源有效率地分配，建立充分授權的工作空間，依適才適所的原則提供各種工作挑戰與機會，配合合理的薪資、及以個人績效為衡量的獎酬制度。我們鼓勵員工在工作上依個人才學興趣盡情發揮，展現個人能力與創意，並分享全員共同努力的成果與榮耀。

圖 3-23 ｜ 用條列式，呈現出三階層架構的內容層次

但是這麼做的缺點，就是過多的階層會導致字型大小受到壓縮使得空間太擠。所以，我們可以試著將副標與關鍵訊息合為一個階層，有效利用空間，閱讀起內文才不會覺得太壓迫。（見圖 3-24）

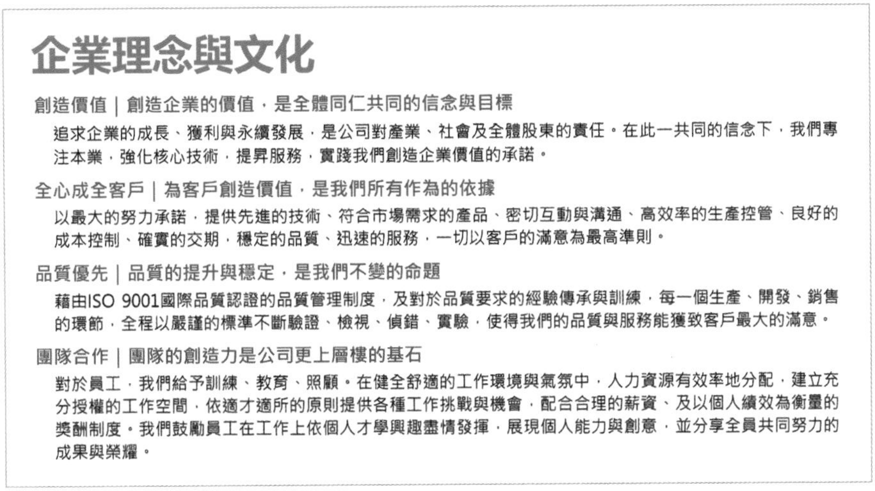

企業理念與文化

創造價值｜創造企業的價值，是全體同仁共同的信念與目標

 追求企業的成長、獲利與永續發展，是公司對產業、社會及全體股東的責任。在此一共同的信念下，我們專注本業，強化核心技術，提昇服務，實踐我們創造企業價值的承諾。

全心成全客戶｜為客戶創造價值，是我們所有作為的依據

 以最大的努力承諾，提供先進的技術、符合市場需求的產品、密切互動與溝通、高效率的生產控管、良好的成本控制、確實的交期、穩定的品質、迅速的服務，一切以客戶的滿意為最高準則。

品質優先｜品質的提升與穩定，是我們不變的命題

 藉由ISO 9001國際品質認證的品質管理制度，及對於品質要求的經驗傳承與訓練，每一個生產、開發、銷售的環節，全程以嚴謹的標準不斷驗證、檢視、偵錯、實驗，使得我們的品質與服務能獲致客戶最大的滿意。

團隊合作｜團隊的創造力是公司更上層樓的基石

 對於員工，我們給予訓練、教育、照顧。在健全舒適的工作環境與氣氛中，人力資源有效率地分配，建立充分授權的工作空間，依適才適所的原則提供各種工作挑戰與機會，配合合理的薪資、及以個人績效為衡量的獎酬制度。我們鼓勵員工在工作上依個人才學與趣靈情發揮，展現個人能力與創意，並分享全員共同努力的成果與榮耀。

圖 3-24 ｜合併副標與關鍵訊息來減少階層的做法

  當然，你也可以發揮巧思，將空間結構調整為「水平／垂直並列」的形式。（見圖 3-25）

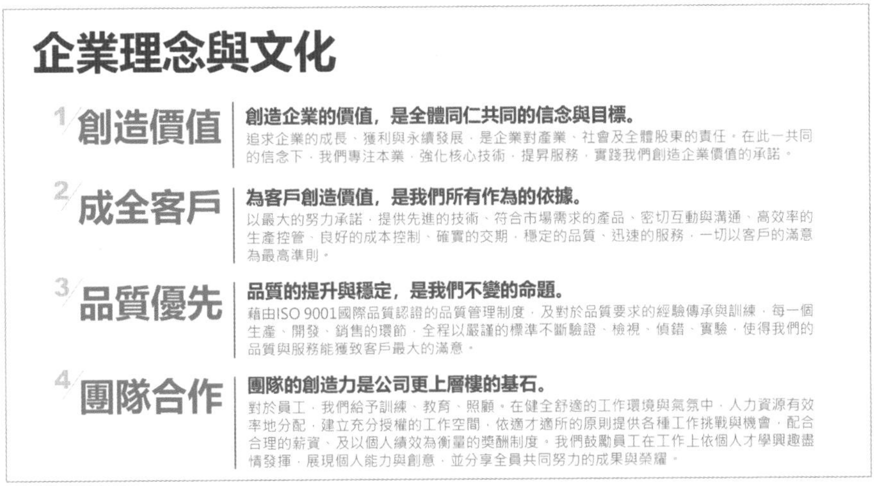

企業理念與文化

1 創造價值
創造企業的價值，是全體同仁共同的信念與目標。
追求企業的成長、獲利與永續發展，是企業對產業、社會及全體股東的責任。在此一共同的信念下，我們專注本業、強化核心技術、提昇服務，實踐我們創造企業價值的承諾。

2 成全客戶
為客戶創造價值，是我們所有作為的依據。
以最大的努力承諾，提供先進的技術、符合市場需求的產品，密切互動與溝通、高效率的生產控管、良好的成本控制、確實的交期、穩定的品質、迅速的服務，一切以客戶的滿意為最高準則。

3 品質優先
品質的提升與穩定，是我們不變的命題。
藉由ISO 9001國際品質認證的品質管理制度，及對於品質要求的經驗傳承與訓練，每一個生產、開發、銷售的環節，全程以嚴謹的標準不斷驗證、檢視、偵錯、實驗，使得我們的品質與服務能獲致客戶最大的滿意。

4 團隊合作
團隊的創造力是公司更上層樓的基石。
對於員工，我們給予訓練、教育、照顧。在健全舒適的工作環境與氣氛中，人力資源有效率地分配，建立充分授權的工作空間，依適才適所的原則提供各種工作挑戰與機會，配合合理的薪資、及以個人績效為衡量的獎酬制度。我們鼓勵員工在工作上依個人才學與趣靈情發揮，展現個人能力與創意，並分享全員共同努力的成果與榮耀。

圖 3-25 ｜採用水平／垂直並列的形式來配置版面

以上就是在不刪減文字內容的條件下，所做出的視覺化成果。如果沒有這個限制，我們就有機會做出更簡潔的樣式。（見圖 3-26）

企業理念與文化

創造 價值

成全 客戶

品質 優先

團隊 合作

創造企業的價值，是全體同仁共同的信念與目標。

為客戶創造價值，是我們所有作為的依據。

品質的提升與穩定，是我們不變的命題。

團隊的創造力是公司更上層樓的基石。

圖 3-26 ｜ 只保留副標與關鍵訊息，畫面更簡潔，訊息更單純

像圖 3-26 這樣，只秀出重點與關鍵訊息，然後用口頭補充剩餘的內容，也是個不錯的方式。

案例重點提醒

1. 在整個畫面中，你最想讓讀者看見並留下印象的訊息是什麼？讓它一眼就能被看見。

2. 文字內容的階層過多反而會導致字型大小被壓縮，可以藉由合併來減少階層，或是採用水平／垂直並列的形式來有效利用空間。

好煩呀！有沒有簡單的方法，輕鬆做出專業的報告封面？

03 難題

>>> 善用黃金比例原則讓封面美感升級

封面是門面   # 也有提醒作用

報告封面，決定了對方的第一印象。雖然不應該耗用太多的時間在製作封面上，但也不能隨便做做、敷衍了事。在《如何幫雞洗澡》（*How to Wash a Chicken: Mastering the Business Presentation*）這本書中提到，封面雖然是報告的「附加」頁，卻能帶來兩個層面的價值。

- 首先，封面可以展現出你的用心，就像奢侈品總是有精美的包裝。

- 其次，封面可以吸引讀者的注意力，告訴他們「嘿！報告要開始了。」

除此之外，封面也能讓讀者感受到這份報告的主題是什麼，風格應該會是什麼樣的。如果只是白底加上一行黑字的封面設計，內容大概也沒什麼讓人好期待的。

想要做出專業、有質感的封面，又不想花費太多時間與精力，有可能嗎？

一般來說，在製作報告封面時，多數人會遇到的難題主要有三個：

① 封面上應該要包含哪些元素？只有文字會不會太單調？

② 畫面上的元素，包括文字、圖像到底要如何排版？怎麼放都覺得好亂！

③ 有沒有簡單、快速就能做出封面的技巧？真的不想浪費太多時間在這裡……

如果，想要做出如同專業設計者做出的視覺作品，肯定有難度的。對於職場上的多數報告場合，也沒有必要做到這樣，因為重點還是在報告的內容上；因此，報告封面只需要展現出符合主題內容的風格就可以了。此外，我有三招私房技巧，可以讓你輕鬆做到這一點：

① 一段文字，就能做出有質感的封面

② 一個圖案，也能做出有設計感的封面

③ 一張圖片、加上遮罩，做出專業的封面

而解決這些難題的聰明對策，就是運用「黃金比例線」與「視覺法則」。

- 聰明對策 1：用黃金比例線找出視覺元素擺放的最佳位置。

- 聰明對策 2：運用視覺法則（層次感、結構性與視覺化）提升視覺化效果。

案例 05

三分鐘，就可以做出有質感的簡報封面

製作簡報時，你會花多少時間在封面上？

很多時候，內容都來不及做完了，哪還有時間做封面？更別說要有設計感、質感了。把主題、報告者秀在畫面上、然後置中對齊，這樣不就做好了？（見圖 3-27）

有效溝通、精準表達的簡報思維

講師／劉奕酉

圖 3-27 │ 只有打上文字、置中對齊的封面設計

如果你覺得這樣的封面還不錯，或者想著明明就兩行字，怎麼就和自己做得不太一樣？其實，我在畫面中用了一個小技巧，那就是黃金比例。

聰明對策 1：運用黃金比例來排版，讓視覺更有美感與協調性

黃金比例，是一種特殊的數學比例。（見圖 3-28）

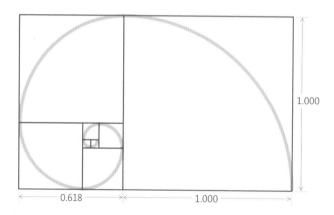

圖 3-28 ｜黃金比例切割出來的畫面會形成一道黃金螺旋的軌跡

如果我們把一條線段分割為兩部分，較短部分與較長部分的長度比約為 0.618，而較長部分與整體的長度比也是這個數字；黃金比例能帶來和諧的感受，運用到設計中就能展現出美感和藝術性。

在我們的周遭就存在著黃金比例，像是大自然中的花草、貝殼、蜂巢等，以及許多建築設計也都依循着這套規則。（見圖 3-29）

圖 3-29 ｜在生活周遭充滿著黃金比例帶來的美感

但這裡我們不談理論，而是如何「簡單」的運用在視覺設計上。即便你不懂設計，也只需要掌握圖 3-30 畫面中的四條線，就能做出黃金比例的排版了。

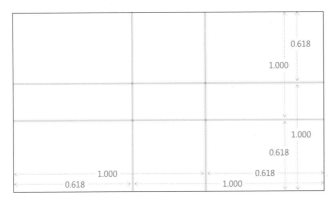

圖 3-30 ｜透過黃金比例在畫面上所產出的四條輔助線

我們可以在簡報軟體（以微軟的 PowerPoint 為例）中透過「加入輔助線」的方式，拉出這四條輔助線，分別對應到縱軸座標的「2」以及橫軸座標的「4」的位置。（見圖 3-31）

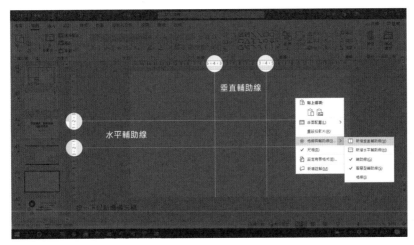

圖 3-31 ｜在簡報軟體中找出四條「黃金比例」輔助線

在畫面中加入輔助線之後，接下來每一張投影片都會套用這四條輔助線當作排版上的參考。那麼，可以怎麼運用輔助線來排版呢？你可以將文字放置在輔助線上、或是輔助線的兩旁。（見圖 3-32）

圖 3-32 ｜利用黃金比例輔助線來進行文字排版

在透過黃金比例確認文字擺放的位置之後，就是利用視覺法則來進一步提升視覺效果。

- **層次感**：標題為主、講者為輔
- **結構性**：由上而下、文字置中／置左／置右
- **視覺化**：利用「對比」來凸顯標題

聰明對策 2：黃金比例結合排版模式，創造更有美感的結構性

黃金比例輔助線，除了可以做為畫面中元素擺放位置的參考之外，也可以結合「置中／左右／並列」的排版模式，讓視覺法則中的「結構性」更有美感。

舉例來說，畫面中的三個文字方塊運用「水平並列」的方式排版，並將文字框放置在黃金比例的其中一條水平輔助線上，然後將標題放置在字框上方、說明文字排在另一條水平輔助線的下方。（見圖 3-33）

圖 3-33 ｜利用「黃金比例輔助線」調整排版位置，並用「水平並列」讓畫面協調

　　再舉一例，當我們希望藉由「左右」的排版模式來將畫面一分為二，左右各自放置對應的內容，也可以運用黃金比例輔助線協助版面配置。（見圖 3-34）

圖 3-34 ｜運用「黃金比例輔助線」與「左右」的排版模式

觀察看看，在這張圖中有哪些元素，運用了黃金比例輔助線來擺放位置？

 案例重點提醒

1. 善用「黃金比例輔助線」來擺放畫面中的元素，可以提升整體質感與協調感。

2. 結合「黃金比例輔助線」與「排版模式」來創造出有美感的畫面結構性。

案例 06

用幾何圖案設計有設計感的報告封面

學完了上一個封面製作技巧後，如果覺得只用文字來製作封面太單調、卻又不知道該加入什麼元素比較好，那麼該怎麼做呢？

你可以試著利用「幾何圖案」來美化版面。比方說，一個圓形圖案可以做出什麼樣的設計？如果你沒有想法，就先置中放置看看吧。（見圖 3-35）

**有效溝通、精準表達
的簡報思維**

講師／劉奕酉

圖 3-35 ｜以置中對齊的圓形圖案做為背景

看起來是不是比只有文字的封面，多了一些設計感？其實，用這個圓形圖案還可以做出更多變化，比方說，我們將圓形圖案放大、移到畫面的左邊，然後將文字調整為置左對齊。（見圖 3-36）

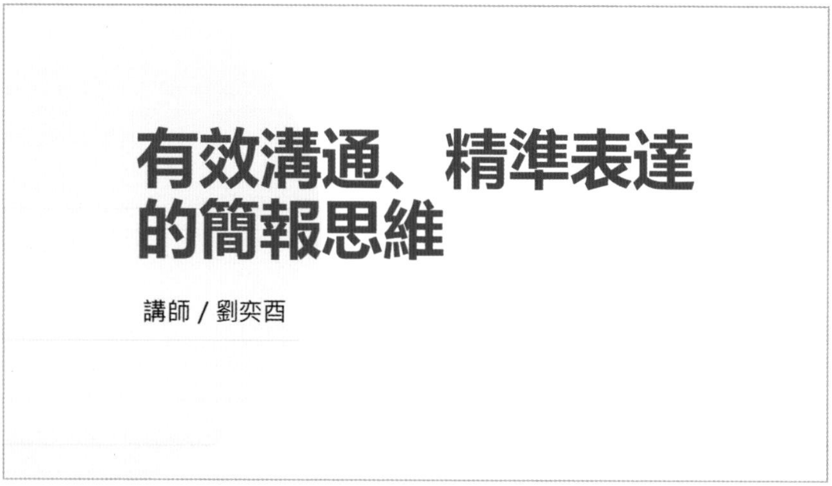

圖 3-36 │ 調整圓形圖案的大小、位置，做出另一種封面

　　一個圓形圖案，還可以做出什麼變化？沒錯，只要調整圖案的大小、位置，或是數量，就可以做出各種變化。（見圖 3-37）

圖 3-37 │ 調整圓形圖案的大小、位置與數量，做出各種不同的設計感

同樣的方式，我們也可以運用矩形、三角形等幾何圖案來做出各種設計。
（見圖 3-38）

圖 3-38 │運用矩形圖案來搭配文字做出不同的設計感

　　無論是幾何圖案或文字等元素，我們都可以利用黃金比例輔助線來找到合
適的擺放位置。比方說，左上方的封面設計，我可以在左邊擺放一個等比例的
方型圖案做為背景設計，將標題壓在上方的水平輔助線上，然後加上副標就完
成了。右上方與下方的封面設計，也是運用同樣的概念完成。

案例重點提醒

1. 善用「黃金比例輔助線」來擺放畫面中的元素，可以提升整體質感與協
   調感。
2. 使用幾何圖案時，盡量選擇圓形、矩形等較為簡單的圖案。

案例 07

用一張圖片做出專業、有質感的報告封面

過去因為職務的關係，我需要閱讀大量的研究報告，像是麥肯錫（McKinsey & Company）、波士頓（BCG，Boston Consulting Group）與顧能（Gartner）等諮詢顧問公司，或是大型投顧與券商的分析報告。

我發現這些公司的報告封面雖然沒有複雜的設計，大多是一張圖片配上幾行文字，但也總能展現出專業感。於是，我開始試著分析這些封面設計的原則，也歸納出了一套技巧，能夠快速做出專業、有質感的報告封面。（見圖 3-39）

圖 3-39 │ 結合圖文做出專業、有質感的報告封面

這樣的報告封面是如何做出來的呢？

當然，你得有一段文字、一張圖片，然後加上一個關鍵的元素，叫做「遮罩」（Masking）就可以做出這樣的成果。（見圖 3-40）

圖片　　　遮罩　　　文字

圖 3-40 ｜利用圖片、遮罩與文字，疊加出畫面的層次感

有效提升視覺質感的平民化技巧：遮罩的運用

近幾年，可以看見遮罩效果廣泛地運用在簡報設計中。

一方面是因為軟體功能的提升，另一方面是聚焦思維的改變。以往凸顯焦點的做法，不外乎是強化焦點，但現在更多人喜愛用弱化雜訊的方式，或是雙管齊下同時強化焦點、弱化雜訊，讓聽取報告的人更能聚焦重點及加快理解。

什麼是遮罩（Masking）呢？

簡單來說，就是一塊半透明色塊。遮罩又分為「單色遮罩」與「漸層遮罩」這二種，可以依照不同的需求使用。以微軟 PowerPoint 為例，遮罩的製作方式可以藉由插入一個矩形圖案，然後調整「漸層填滿」的透明度比例；你可以在設定圖形格式中找到相關設定值。（見圖 3-41）

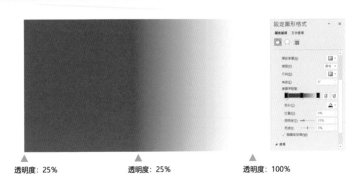

透明度: 25%　　　　　透明度: 25%　　　　　透明度: 100%

圖 3-41 │ 調整漸層停駐點的透明度，做出半透明漸層的遮罩

　　圖片中是我常使用的透明度比例，你可以參考這個數值，或者自己調整出合適的比例。遮罩的運用時機，就是當圖片或背景較為複雜時，可能沒有適當放置文字的空間；這時候可以加上一層遮罩，來降低圖片的干擾，凸顯文字內容。

　　這個技巧能運用在製作簡報封面或過場頁上，使用一張滿版圖片，再加上一層遮罩與標題，就是一張簡單、專業又有質感的報告封面。舉例來說，以下兩張封面就是分別運用由上而下、從下而上的半透明遮罩，然後將標題擺放在透明度較低的位置，避免後面的圖片干擾文字的閱讀性。（見圖 3-42、圖 3-43）

圖 3-42 │ 利用由上而下的半透明遮罩，減少圖片上方對文字的干擾

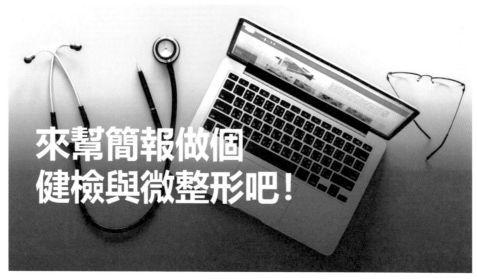

圖 3-43 ︳利用從下而上的半透明遮罩，減少圖片下方對文字的干擾

案例重點提醒

1. 盡量將文字排在人物或物品以外，並用遮罩減少干擾。

2. 善用「黃金比例輔助線」排版，安排文字和圖片等元素的位置，可以提升整體質感與協調感。

不懂設計！如何製作出有質感又不落俗套的簡報範本？

>>> 事先決定視覺風格，運用模組化思維製作

適用於簡報範本 # 也適用提案場合喔！

你有使用簡報範本的習慣嗎？如果沒有，那麼每次製作簡報時，面對著空白的投影片，既要想著內容如何呈現，還要構思版面如何設計，想必是傷透腦筋了吧。

不少公司都會制訂一套專屬的簡報範本，將企業識別系統（CIS，Corporate Identity System）中的色彩方案、字型大小與品牌商標（Logo）規範在範本中。這樣做的原因，一方面是為了維持一致的公司品牌形象，另一方面是為了讓員工更專注在內容產出與解決工作問題，而不需要花過多時間在處理視覺設計。

但對於一人公司、自由工作者或是新創來說，在初期可能沒有太多預算用在請專人設計範本，也可能只需要一份簡單、素雅的範本，認為自己來做就好。但多數人遇到的問題可能是：

- 簡報範本中應該具備哪些內容？
- 該從哪裡開始著手製作？
- 如何做出有質感又不落俗套的簡報範本？

要解決以上問題的聰明對策有兩個：

- 聰明對策 1：決定簡報範本的視覺化風格

  —版面配置，包括資訊的層次感、結構性
  —色彩方案，包括背景色、主題色與重點色
  —字型組合，包括兩組中文字型、兩組英文字型

- 聰明對策 2：確認簡報範本的投影片類型

  —基本包含封面、封底、過場、內容四種類型的投
  影片
  —如果需要，內容投影片還可以再分為空白、條列、
  圖文、圖表等類型

接下來，我會用以下的案例告訴你，如何使用這兩個聰明對策來製作出既簡單、又專業的簡報範本。

培訓教案的簡報範本，我是如何準備的？

對於知識工作者來說，企業培訓是相當重要的一項變現方式。

為了提升培訓教案製作的速度與品質，我會事先製作一套簡報範本。一方面是可以專注在內容的規劃與產出；另一方面是我會將教案模組化，在不同產業或公司進行培訓時，可以從多份教案中選取需要的模組直接進行組裝，不用擔心一致性的問題。

聰明對策 1：決定簡報範本的視覺化風格

要做出這樣的簡報範本，第一步就是決定整體的視覺化風格。（見圖3-44）

圖 3-44 ｜ 三個關鍵因素，決定簡報範本的視覺化風格

決定視覺化風格的，是版面配置、字型組合與色彩方案這三個關鍵因素。

版面配置與簡報範本中有哪些投影片類型有關，所以我們放到最後再來談。先來說說另外兩個關鍵因素：字型組合、色彩方案。

- **字型組合**：中文字體，我習慣選擇微軟雅黑體、微軟正黑體；而英文字體則選擇 Microsoft YaHei（微軟雅黑體）、Calibri 這兩種字型。

- **色彩方案**：考量講義需要列印，我會採用白底黑字當背景色，用寧靜藍當成主題色，因為高科技領域、資訊產業大多偏好這種色彩；另外，以黃色做為重點色。

決定了視覺化風格之後，第二步就是確定簡報範本中需要哪些投影片類型。

聰明對策 2：確認簡報範本的投影片有哪些類型

我在培訓教案的簡報架構上，習慣將一堂課程架構切分為二、三個章節，每個章節之下有三個單元；然後，在每個單元中有知識點的引導與內容說明。（見圖 3-45）

圖 3-45 ｜我在培訓教案的簡報架構規劃

因此，在簡報範本的設計上，我至少需要準備六種投影片類型的版面配置才足夠。針對這些投影片類型，我運用視覺法則（層次感、結構性、視覺化）完成了版面配置的設計。（見圖 3-46）

圖 3-46 ｜ 培訓教案的簡報範本所包含的六種投影片設計

當簡報範本完成後，我就可以將規劃好的培訓教案套用範本，製作出教案簡報。舉例來說，有次我到一家金融產業的公司進行「商業數據解讀」的培訓，就是利用這一套範本來製作教案簡報的。（見圖 3-47）

培訓教案內容製作

圖 3-47 ｜套用簡報範本所製作出來的教案簡報

 案例重點提醒

1. 製作簡報範本時，先決定整體的視覺化風格。

2. 其次，是確認簡報範本的使用場景，以及所需要的投影片類型。

畫面複雜又要加文字！
美觀易讀怎麼辦到？

>>> 區隔層次、降低畫面背景干擾

適用於字多資料 # 遮罩效果很好用

在畫面上凸顯重點，或是加上說明文字，通常會採用加上色塊、框架的方式，不過這麼一來，可能使得整個畫面變得更為複雜、更難看見重點。

這是因為資訊的層次感沒有被區隔出來。

這樣的問題，特別容易在產品功能介紹、軟體操作說明的簡報或報告中見到。因為產品或軟體操作介面本身的細節就很多，如果再額外加上文字與其他的元素，其實不容易一目了然，看到重點；因此，我們需要區隔這些說明文字與原本的畫面內容，或是改變凸顯重點的方式。

換句話說，我們面對的課題是：

① 如何讓畫面中出現的資訊，能夠清楚地展現出層次感？

② 如何降低畫面背景的干擾，讓說明文字一眼就被看見？

怎麼做？利用我在案例 07 提到過的「遮罩」技巧，就可以創造出層次感。不過，在這裡我要告訴你一個進階技巧，那就是結合「遮罩」與「合併」功能，就可以做出有如聚光燈一般的效果。

這裡的聰明對策就是：

- 聰明對策 1：利用「遮罩」創造出不同資訊的層次感
- 聰明對策 2：結合「遮罩」與「合併」功能，做出聚光燈效果

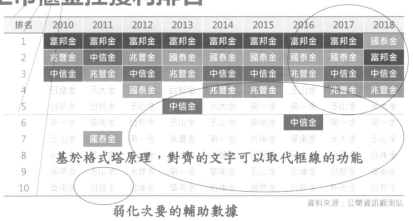

案例 09

圖表上的說明文字讓人看得眼花撩亂，怎麼辦？

有次，我到一家金控公司授課，下課時有位訓練單位的夥伴跑過來找我。

「老師，方便請教一個問題嗎？我們每年都會整理上市櫃金控的獲利排名，用了你教的方式，真的讓資訊一目了然耶。我們想用這張表格向內部同仁說明這樣的技巧，結果發現加上說明文字，整個畫面看起來就是一團亂，像這樣的問題應該怎麼解決呢？」

我一看，原來是之前課程中我所做的一張圖表，他們在上頭加上了說明文字。（見圖 3-48）

只保留必要的框線

熱區圖，利用品牌色塊增加視覺解讀的有效性

上市櫃金控獲利排名

基於格式塔原理，對齊的文字可以取代框線的功能

弱化次要的輔助數據

資料來源：公開資訊觀測站

圖 3-48 ｜ 加上了說明文字的圖表內容

嗯，我想他們做對了某些事，的確有使用到視覺法則，像是：

- 用紅色與不同字型來凸顯這些說明文字
- 運用框線來聚焦說明文字對應的區域

而且他們還做了動畫，讓這些說明文字逐次出現，而不是一次全打在畫面上。看起來應該沒有太大的問題，但是如果印成書面報告，可能會讓訊息的層次主從不分，就像現在你看到這張圖表的感覺；此外，當這張投影片投射在螢幕上放大時，也可能會讓在場的觀眾更難以分辨這些資訊。

總之，就是很雜亂的一團資訊。

解決這個問題的有效對策，就是運用半透明遮罩來區隔出圖表與說明文字之間的層次。

舉例來說，我可以用紅色的半透明色塊，取代原本的紅色框線，並在文字後加上白色的半透明色塊，藉此來凸顯這些說明文字與對應的區域。（見圖3-49）

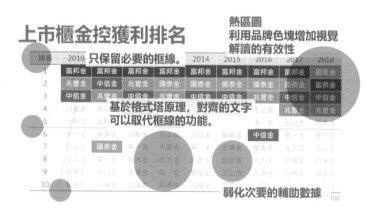

圖 3-49 ｜利用半透明遮罩來「強化」說明文字與對應區域

這樣做能創造出空間上的層次感，也可以盡可能不讓背景資訊被擋住。但就視覺效果上，其實並沒有提升太多，因為整個畫面的資訊還是太多了；在閱讀這些說明文字時，其實圖表內容的資訊已經沒有這麼重要了，我們只是需要用來「參照」而已。

因此，可以反向思考，利用半透明遮罩來「弱化」背景不重要的資訊，等於是變相地凸顯這些說明文字，對吧？就像是下面這張圖，我只露出對應的區域再加上說明文字，讓訊息一目了然！（見圖 3-50）

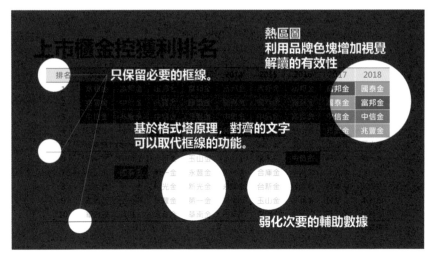

圖 3-50 ｜利用半透明遮罩來「弱化」表格內容，進而凸顯說明文字與對應區域

這樣的半透明遮罩，是如何做出來的？很簡單，運用微軟 PowerPoint 中的圖案「合併功能」就能做到。

透過合併功能創造出需要的圖案

在微軟的 PowerPoint 中有一項叫做「合併圖案」功能,我覺得相當實用。可以利用這個合併功能將多個圖案進行六種形式的合併,來創造出我想要的圖樣。(見圖 3-51)

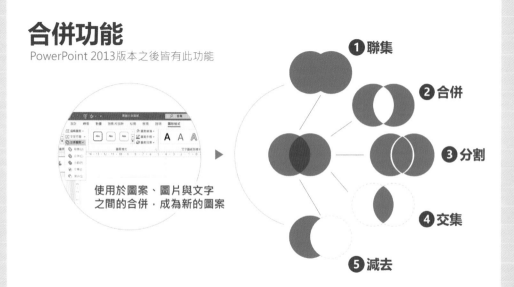

圖 3-51 │ 運用合併功能創造出需要的圖樣

舉例來說,我將一張圖片結合多個六邊形圖案進行合併,做出了這一張課程宣傳圖。(見圖 3-52)

圖 3-52 ｜利用合併功能做出的課程宣傳圖

也可以結合一張圖片與文字，做出極富視覺化的藝術文字。（見圖 3-53）

圖 3-53 ｜藉由合併功能做出藝術文字

回到這個案例，版面裡的鏤空半透明遮罩是怎麼做出來的呢？

很簡單，只需要一張滿版的矩形圖案，還有對應的圓形圖案，使用合併功能就能得到一張鏤空的圖樣；然後調整為半透明的狀態。（見圖 3-54）

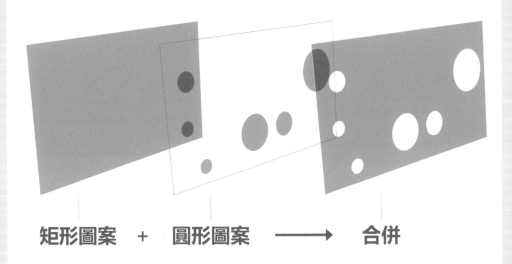

矩形圖案 ＋ 圓形圖案 ⟶ 合併

圖 3-54 ｜運用合併功能製作出鏤空的半透明遮罩

 案例重點提醒

1. 運用合併功能，將多個圖案合併製作出需要的圖樣遮罩。

2. 調整遮罩的透明度來達到區隔層次感的作用，透明度建議值為 25-30%。

案例 10

用聚光燈效果引導畫面中的焦點變換

在進行簡報時，我們會利用雷射筆或投影筆來指出說明的重點，但對焦效果通常不會太好；而且當畫面中的資訊較為繁雜時，用了往往等於沒用，根本看不清所要強調的焦點在哪裡。

有次，我在課堂上說明「峰終定律」如何運用在簡報的內容鋪陳上，希望讓學員先掌握全貌、再逐個說明「開場」、「峰點」與「終點」該注意的重點與技巧。（見圖 3-55）

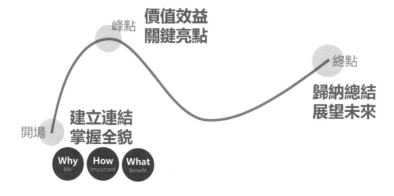

圖 3-55 │關於「峰終定律」的投影片，希望逐個說明重點與技巧

這時我們就可以運用鏤空的半透明遮罩做出聚光燈效果，然後透過不同的遮罩來達到聚光燈切換的作用，逐步說明畫面中不同的焦點內容。（見圖 3-56）

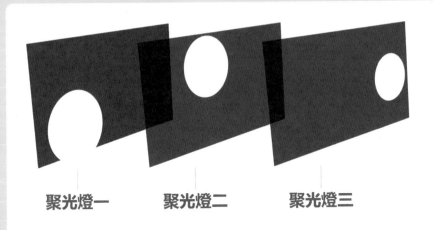

圖 3-56 ｜運用合併功能，做出三個不同聚光燈效果的半透明遮罩

聚光燈一　　　聚光燈二　　　聚光燈三

　　於是，我利用這三張半透明遮罩，透過動畫設定的方式，依次出現搭配說明文字，就可以在同一個畫面中進行不同焦點的介紹與講解。（見圖 3-57、3-58、3-59）

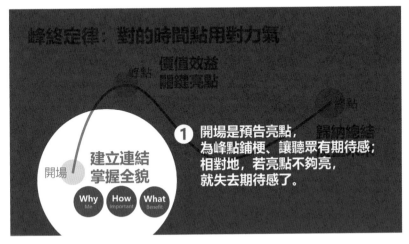

圖 3-57 ｜第一個聚光燈遮罩所要說明的焦點內容

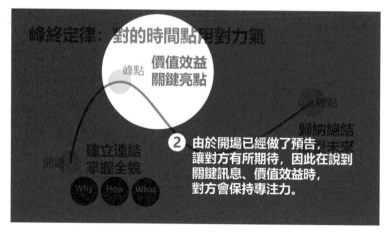

圖 3-58 │ 第二個聚光燈遮罩所要說明的焦點內容

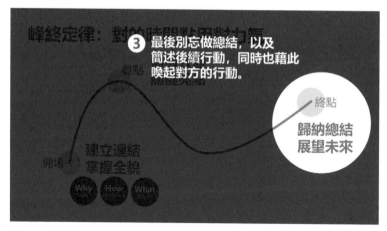

圖 3-59 │ 第三個聚光燈遮罩所要說明的焦點內容

 案例重點提醒

1. 用圓形圖案標示出聚光燈效果的區域，透過合併功能製作出聚光燈遮罩。

2. 聚光燈遮罩的透明度調整建議值為 20-25%。

圖文搭配好難喔！有沒有簡單又不單調的方法？

06
難題

>>> 只要透過結構性，就能讓畫面協調

適用於製作文宣　# 懶人包也可以喔！

　　圖像搭配文字，可以說是視覺化的基本組合，但也令人頭疼。

　　一張圖片、一段文字，在畫面上該如何擺放與搭配？到底圖片該放左邊、還是右邊？文字又該放在哪裡比較合適？我們希望，讓整個畫面可以展現出整體感與協調性。

　　關鍵就在於視覺法則中的「結構性」選擇。

　　有四個聰明對策，可以讓你輕鬆做出專業的圖文搭配：

- 聰明對策 1：用遮罩來弱化圖片成為背景，降低對文字的干擾
- 聰明對策 2：找圖片的空白部位，沒有就自己創造
- 聰明對策 3：借用圖片中人物或物品的輪廓線
- 聰明對策 4：放在圖片中視線引導的路徑上（起點、中繼點、終點）

　　我會用一個案例，告訴你如何利用這些聰明對策來解決圖文搭配的難題。

 **案例 11**

為一段文案，找到一張合適的圖片搭配

在為企業提供視覺化相關的培訓時，我常常會出一道題目讓學員練習。（見圖 3-60）

「請幫一段文案，找到一張合適的圖片來搭配。」

> 簡報的本質是，不是說你想說的、也不是說對方想聽的，是以對方容易接受的方式說你該說的，不只達到目的、更要省時省力。

圖 3-60 │ 課堂上的題目，幫這一段文案找到一張搭配的圖片

當你聽到這樣的題目，會打算如何進行呢？其實，我希望透過這樣的練習讓學員們思考幾件事：

1. 什麼樣的圖片，會適合這樣的一段文案呢？

2. 如果找到了，該如何進行圖文搭配？

3. 如果找不到滿意的圖片，又該怎麼辦呢？

4. 哪裡可以找到這些圖片呢？如何節省找圖的時間？

我請學員分為三組，限時十分鐘討論並尋找到一張圖片。十分鐘過後，我請各組學員分享他們找到的圖片與搭配的想法。（見圖 3-61）

→ 第一組，認為「簡報」（Present）也有「禮物」之意，希望送禮與收到的人都會感到開心，覺得蠻符合這段文案所要表達的意涵，所以選了送禮的圖片。

→ 第二組，就簡報的場景來發想，同時考慮到有足夠的空間可以放置這段文案，所以選了一張台下群眾的圖片。

→ 第三組，選了一張小孩面向麥克風發聲的圖片，沒有特別的理由。

然後，我請各組就挑選出的圖片，搭配文案來做出視覺化呈現。我希望你也可以想想看，換作是你會挑選到什麼樣的圖片來搭配？又會做出什麼樣的視覺化作品呢？

圖 3-61 │ 各組學員所挑選出來搭配文案的圖片

第一組，採用了第一種對策，先將圖片裁減出符合版面大小，然後加上一張半透明的黑色遮罩，將文案直接排列在畫面上。（見圖 3-62）

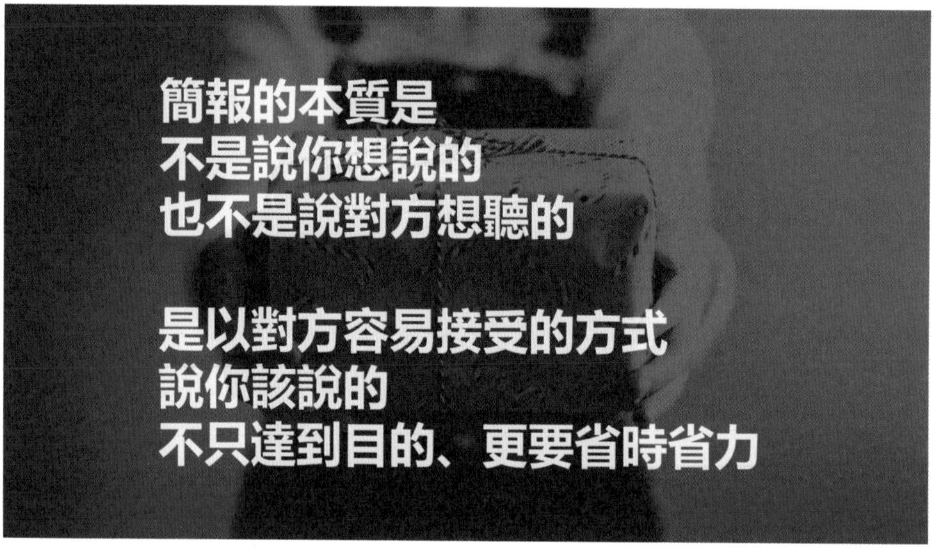

簡報的本質是
不是說你想說的
也不是說對方想聽的

是以對方容易接受的方式
說你該說的
不只達到目的、更要省時省力

圖 3-62 │ 直接在圖片上加上一層半透明遮罩，減少對文字造成的干擾

　　這樣的做法是最省事的，只要加上一層遮罩，就可以將文字擺放在畫面上的任何地方。不過，我們還是可以利用黃金比例輔助線，找到較合適的文字排列區域。

　　這張圖片，能不能採用其他的對策？

　　當然可以。比方說，選擇第二個對策，找尋圖片的空白部位。但這張圖的人物在畫面正中央，兩旁的空白部位不適合放置這麼多文字的內容；所以，我們可以裁切這張圖片，保留一半的人物放在畫面的左邊，在右邊放上一個漸層的黑色遮罩，最後再將文案放置在畫面右邊。（見圖 3-63）

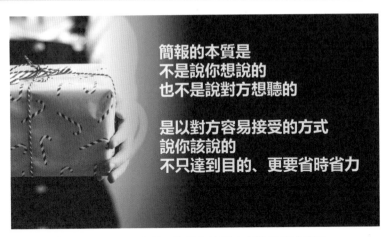

圖 3-63 │ 裁切圖片、加上漸層的黑色遮罩來創造出空白部位

　　再來看看第二組的表現。他們採用了第二個對策，直接將文案放置在圖片左上方的空白部位，這也是當初選擇這張圖片的原因：有一大片的空白部位。（見圖 3-64）

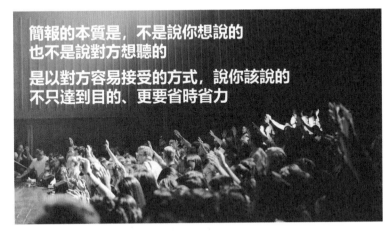

圖 3-64 │ 將文案直接放置在圖片左上方的空白部位

　　以這張圖片來說，這樣的圖文搭配方式已經算是最好的選擇了。如果硬要

吹毛求疵，我想就是圖片左上方是最亮的地方，文案內容用白色字體來呈現，可能會不易分辨。

關於這個問題，只要加上一個漸層的黑色遮罩就可以解決了。（見圖3-65）

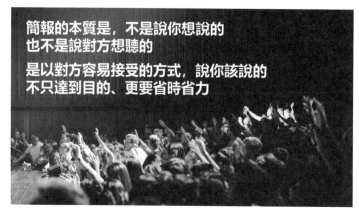

圖 3-65 ｜ 加上一個漸層遮罩，改善圖片左上方過亮的問題

當然，這張圖片也可以採用第一個對策，就像第一組一樣的做法。（見圖3-66）

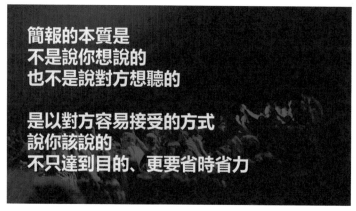

圖 3-66 ｜ 直接加上遮罩、放置文案內容的快速做法

最後，來看看第三組的作品。

他們挑了一張頗有意境的圖片，看起來應該會採取第一個對策，直接加上一個半透明遮罩，不過這樣就太可惜這張圖片了；所以他們挑選了第二個對策，選擇在左邊加上一個漸層遮罩，然後放上文案內容的做法。（見圖 3-67）

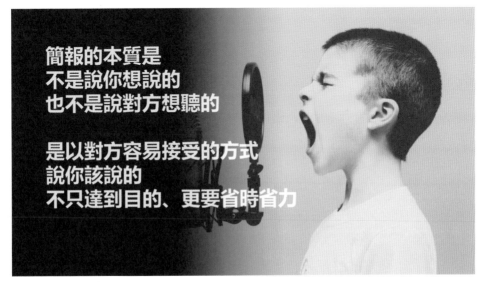

圖 3-67 │加上漸層的黑色遮罩來創造出空白部位

我對第三組的學員提出了建議，不妨試試第三種對策，借用圖片中人物的輪廓線。

不過，我們得先處理圖片中左邊的麥克風。可以利用裁切圖片的方式，將麥克風的部分除去，然後將中間那一塊灰色背景拉寬放大來補齊不足的部位。（見圖 3-68）

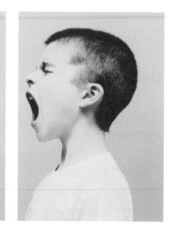

圖 3-68 ｜利用裁切的方式來做出需要的圖片樣式

　　利用重新調整過的圖片，我們可以將文案沿著圖片中人物的側臉輪廓線，來擺放文案內容，並採用標楷體字型來做出有設計感的視覺化效果。（見圖3-69）

簡報的本質是
不是說你想說的
也不是說對方想聽的

是以對方容易接受的方式
說你該說的
不只達到目的
更要省時省力

圖 3-69 ｜借用圖片中的人物輪廓線來擺放文字內容

案例重點提醒

1. 圖片的選擇以搭配文字內容為優先考量。

2. 如果時間緊迫或找不到更好的圖文搭配，就採用第一個對策，直接加上一個半透明遮罩。

3. 善用圖片裁剪的技巧來創造出需要的圖樣，再採用第二個、第三個圖文搭配的對策。

07

簡潔好看的團隊成員介紹頁怎麼做？

>>> 統一和注意結構性就能解決

適用於各式簡報   # 企業網站也能搭

在新創的募資簡報、銷售簡報，或是企業網站的組織介紹，都經常會出現團隊成員介紹的畫面。比起個人的自我介紹，只需要專注在文字內容上，至於個人照片就隨意找個空間擺著就好；顯然團隊成員的介紹頁就不能這樣馬虎了，因為照片的擺放排列會影響到整體的視覺感受。

其實，要做出簡潔好看的團隊成員介紹頁並不難。

只要掌握兩個關鍵：

① 統一人物照片的形狀，一般採用圓形、方形或平行四邊形為主。

② 注意人物照片在版面上配置的結構性，展現整體的協調性。

在這裡會使用到的聰明對策包括：

- 聰明對策 1 運用「合併功能」將人物照片裁剪出統一的形狀

- 聰明對策 2 利用「水平並列」或「水平／垂直並列」的排版模式

案例 12

商業思維學院的師資團隊介紹頁

今年我加入了商業思維學院的團隊,成為超級幕僚學程的主理人,負責學程的規劃、授課與營運。

對於市場與潛在學員來說,除了學院運作的整體規劃之外,各學程的師資團隊也是大家關注的重點;不論是在官網上、或是面向合作夥伴的推廣簡報中,都會需要用到團隊介紹頁。那麼,該如何製作這樣的一張團隊介紹頁呢?

第一個關鍵,是取得師資團隊的照片並維持一致性

這裡的一致性,包括風格與形狀的統一。

為了維持照片風格的一致性,學院請專業設計師製作了每位老師的手繪頭像,也進棚拍攝了個人形象照,做為後續使用的素材。(見圖 3-70)

圖 3-70 │ 師資團隊成員的手繪頭像(猜猜哪位是我?)

在確保了風格一致性後，接下來的第二個問題是如何確保形狀的統一性？

運用幾何圖案的框線或色塊，就可以創造出統一性。比方說，用圓形或圓角矩形都是不錯的選擇，但不建議使用方正的矩形。為什麼？

不曉得你有沒有注意到，在一些看起來很有質感的產品設計中，都會運用到圓角的元素，比如說你手邊的智慧型手機、筆電或是 iPhone 中 App 的外觀都是圓角矩形。

據說，蘋果的賈伯斯當初在設計第一代 iPhone 時，就堅持在其 iOS 系統上的 App 必須使用圓角矩形的外觀，而讓設計團隊大吃苦頭，後來更為此申請了專利，所以在其他平台的手機上，是看不到圓角矩形的 App 外觀呢！

賈伯斯認為：**完整化的邊緣設計容易打斷人的思路，而圓角矩形可以使大腦更舒服、更快速地處理訊息**。因此在蘋果許多軟硬體的設計上，都可以看到圓角矩形的元素，也愈來愈多設計師接受這樣的理念，運用在產品與視覺設計中。（見圖 3-71）

Apple的iOS系統
採用圓角矩形設計

賈伯斯認為完整化的邊緣
設計容易打斷人的思路

而圓角矩形可以使大腦
更舒服、更快速地處理訊息

圖 3-71 ｜蘋果的產品設計中運用了大量的圓角矩形

要繪製圓角矩形，可以從微軟 PowerPoint 中的【插入圖案】找到，透過調整圓角大小、高度、寬度與旋轉角度，可以製作出各式各樣的圓角矩形，做為文字方塊的背景或是重點提示之用；也可以加以組合出需要的圓角多邊形。（見圖 3-72）

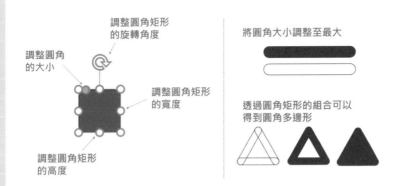

圖 3-72 ｜繪製圓角多邊形的兩種方式

　　利用這種方式，我們可以製作出各式形狀統一的師資團隊成員照片。（見圖 3-73）

圖 3-73 ｜利用幾何圖案，統一整體的圖像形狀

第二個關鍵，是對師資團隊的照片進行版面配置

　　最基本的版面配置，就是採用「並列」的排版模式。如果人數少的話，就採用「水平並列」的排版模式，既簡單又大方。舉例來說，學院中的「產品經理」學程是由四位老師負責，我就可以運用這樣的方式來製作出對應的師資團隊介紹頁。（見圖 3-74）

產品經理學程師資團隊

集合一流產品人，業界具有豐富實戰經驗的師資陣容擔任老師

圖 3-74 ｜ 產品經理學程的師資團隊介紹頁

　　如果人數較多，則可以採用「水平／垂直並列」的排版模式。舉例來說，針對整個學院的八位老師製作師資團隊介紹頁，我會這樣做。（見圖 3-75）

商業思維學院師資團隊

圖 3-75 ｜ 商業思維學院的師資團隊介紹頁

如果沒有風格、形狀一致的人物圖片怎麼辦？利用合併功能吧！

　　有時候，我們不一定有足夠的預算或時間來取得風格、形狀一致的人物圖片，僅能由團隊成員各自提供的照片來進行編輯製作，該怎麼辦？

　　無法強求風格的一致統一，但可以運用「合併功能」來裁剪統一形狀的人物圖片，也能有效提升整體視覺上的一致性，而且可以創造出更多不一樣的視覺效果。比方說，我想將產品經理學程的師資團隊介紹頁設計成以平行四邊形構成「水平並列」的排版模式。（見圖 3-76）

圖 3-76 ｜不同風格的師資團隊介紹頁

 案例重點提醒

1. 盡量選擇風格、形狀一致的人物圖片。

2. 善用幾何圖案、合併功能來創造人物圖片在風格、形狀上的統一性。

3. 根據人物數量採用「水平並列」或「水平／垂直並列」的排版模式。

 **案例 13**

如何製作超級多人物的照片牆？

在上一個案例中，說明了多位團隊成員介紹頁的做法。但是，如果人物超級多呢？可能是數十位，甚至是上百位的話，先前的技巧可能就不管用了。

這時候，呈現的重點不是「細節」而是「全貌」，簡單來說就是展現出「多」的感覺。做成照片牆會是一個既簡單又有成效的選擇。在商業思維學院中有超過四十位的業界專家，為學員指點行業祕訣、分享人生經驗，如果想要將這些業師的人物圖片製作為照片牆，該如何進行呢？

第一步，就是將所有業師的人物圖片調整為統一的形狀、大小。

利用矩形與人物圖片透過「合併功能」來裁剪出一致的形狀、再調整為相同大小，然後整理為棋盤式的結構性。（見圖 3-77）

圖 3-77 │ 將人物圖片排列為棋盤式（圖片已做模糊處理）

第二步，在畫面上加上一層半透明的遮罩，可以是黑色或多彩的，視你希望展現的風格；這裡我採用半透明的黑色遮罩做為示範。

這時候照片牆已經被當作背景弱化了，我只需要在畫面上加入文字說明就可以了。可以使用黃金比例輔助線，將文字內容擺放在適當的位置。（見圖3-78）

圖 3-78 ｜將照片牆加上遮罩做為背景，再加入文字說明

為了提升照片牆的風格一致性，可以用微軟 PowerPoint 內建的美術效果，將圖片的色調調整為黑白色系，創造出另一種風格。（圖 3-79）

圖 3-79 │ 將照片牆調整為單一色系，提升人物圖片的風格一致性

這樣做太麻煩了！有沒有更簡單的方式？

當然有。如果覺得要統一人物圖片的大小、形狀，又要排列為棋盤式實在太麻煩了，我有一個省力的方式，那就是隨意擺放這些人物圖片散落在畫面上。

因為我們只是將照片牆做為背景使用，所以不用太在意人物圖片是否大小統一、排列整齊。但至少要將照片的形狀統一，就不會顯得雜亂。此外，可以利用微軟 PowerPoint 內建的美術效果，將圖片進行模糊化效果，降低對文字內容的干擾。

我用這樣的方式，另外製作了一張學院業師的照片牆。（圖 3-80）

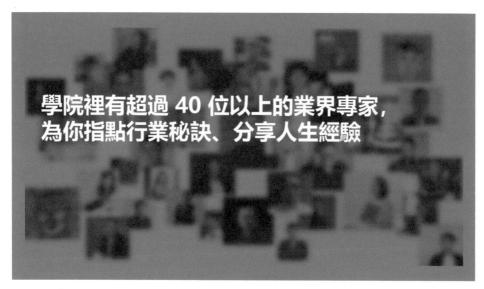

學院裡有超過 40 位以上的業界專家，
為你指點行業秘訣、分享人生經驗

圖 3-80 │將人物圖片隨意擺放、散落畫面，創造出另一種風格

 案例重點提醒

1. 製作照片牆時的重點是「多」而不在於「細節」。

2. 將大量人物圖片整齊排列，自然就能創造出一種美感。

3. 利用半透明遮罩來弱化照片牆的干擾，然後在畫面上組織你的文字內容。

如何快速做出吸睛、好懂的圖文懶人包？

>>> 先想清楚要表達什麼，再配合圖文

適用於有複雜概念要說明時

圖文懶人包因為吸睛、好懂，容易被分享傳播的特性，常用在社群經營、活動文案上創造流量；此外，也會運用在商務簡報、企劃提案中傳達簡單、易懂的訊息。

使用圖文懶人包的主要目的，是為了讓閱讀對象更好理解，同時留下深刻印象。

因此，表現形式大多採用視覺化圖示加上簡短文字。圖示，是為了好理解；文字，是為了好記憶。大多數的人在製作懶人包時，常感到困惑的點不外乎有兩個：該如何製作？到底要做多少張才夠？

先回答第二個問題，我認為關鍵不在於圖文懶人包要有幾張？而是要用多少張才能讓對方理解你想傳達的訊息，如果你可以只用一張就表達清楚，就不需要用到兩張。

而第一個問題，要做出淺顯易懂的圖文懶人包，只要掌握兩個關鍵：

① 故事結構，合乎邏輯、簡明扼要的鋪陳一個故事的結構

② 圖文搭配，用圖示讓人容易理解，以文字讓人方便記憶

但是，該如何鋪陳故事的結構？圖示該到哪裡找、又該如何選擇合適的？文字該如何精簡、只保留關鍵的內容？畫面上該如何排版才能展現出專業性？

我有兩個聰明對策可以解決這些問題：

- 聰明對策 1：運用心智圖或條列式，釐清資訊的脈絡
- 聰明對策 2：透過視覺法則，建立資訊呈現的層次感、結構性與視覺化

接下來，我會用三個案例讓你能夠掌握圖文懶人包的製作技巧。

 **案例 14**

將圖文懶人包的製作步驟，用「圖文懶人包」呈現會如何呢？

　　圖文懶人包並沒有一定的製作標準，主要是憑藉著製作者的創意發想與設計能力。

　　為了讓更多人可以輕鬆做出吸睛、好懂的圖文懶人包，我將製作的關鍵與步驟，簡單整理為以下這段文字。（見圖 3-81）

做好圖文懶人包的關鍵與步驟

圖文懶人包是時下流行的一種資訊呈現方式，因為吸睛、好懂，容易被分享傳播的特性，常被使用在社群經營、活動文案上創造流量，也會被運用在商務簡報、企劃提案中傳達簡單、易懂的訊息。

要做出一個好的圖文懶人包，關鍵就在於故事結構（合乎邏輯、簡明扼要的鋪陳一個故事結構）以及圖文搭配（用圖示讓人容易理解，以文字讓人方便記憶）。製作懶人包的的步驟，首先要理解資料內容的脈絡，其次是劃分訊息的層次感、確認版面的結構性，最後是加入圖示、幾何圖形等提升整體的視覺化，讓人一看就懂。

圖 3-81 ｜用文字說明做好圖文懶人包的關鍵與步驟

　　我想你看完這段文字，應該還是不知道該如何做出圖文懶人包。因為都是文字，不容易理解、也很難想像畫面；所以，我要將這段文字製作為「圖文懶人包」的形式，讓你一看就懂。

　　第一步，就是重新理解、釐清文字內容的脈絡。

聰明對策 1：運用條列式或心智圖來釐清資訊的脈絡

　　在進行任何的資訊視覺化之前，最重要就是理解最初的文字內容中，包含了哪些訊息？你可以運用「心智圖」或「條列式」等工具，將內容整理為簡潔易懂的結構。

　　舉例來說，我將這段文字內容拆解出「兩個關鍵」與「四個步驟」兩個大類，以及對應的資訊後整理出一張心智圖，比起原本的呈現方式，可以更清楚的看出內容脈絡。（見圖 3-82）

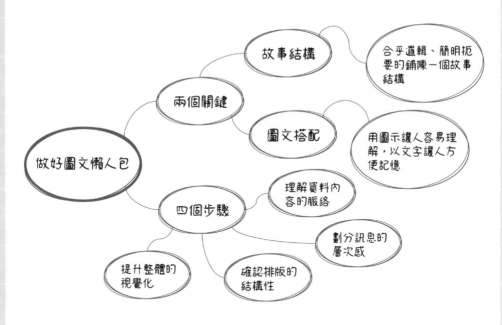

圖 3-82 ｜用心智圖整理出文字內容的脈絡

　　或者，你也可以使用條例式來整理為層次分明的結構脈絡。（見圖 3-83）

兩種方式沒有好壞之分，按照你習慣、好上手的方式就可以。我們的目的是釐清資訊的脈絡，而不是畫出精美的心智圖或完美的條列結構。

做好圖文懶人包的關鍵與步驟

▌ 兩個關鍵
　・ 故事結構（合乎邏輯、簡明扼要的鋪陳一個故事結構）
　・ 圖文搭配（用圖示讓人容易理解，以文字讓人方便記憶）
▌ 四個步驟
　・ 理解資料內容的脈絡
　・ 劃分訊息的層次感
　・ 確認版面的結構性
　・ 提升整體的視覺化

圖 3-83 ｜以條列式整理出文字內容的脈絡

　　在釐清了資訊脈絡之後，下一步就是將內容轉換為視覺化的呈現。

聰明對策 2：透過視覺法則，建立圖文懶人包的層次感結構性與視覺化

▌Step1：劃分訊息的層次感

　　我們希望對方在觀看這張圖時，立刻就能了解主題，要傳達的重點有哪些？最後才是看到輔助的相關內容。所以，先劃分訊息的先後層次，有三種可能的選擇：

① 兩個關鍵、四個步驟，在平行對等的資訊層次上

② 四個步驟為主要層次的關鍵訊息，兩個關鍵做為次要層次的輔助訊息

③ 兩個關鍵為主要層次的關鍵訊息，四個步驟做為次要層次的輔助訊息

在這裡我想以第二個選擇做為訊息層次劃分的依據，也就是以「四個步驟」做為圖文懶人包中的主要訊息，而兩個關鍵做為輔助資訊。

▌Step2：確認版面的結構性

選擇採用「水平並列」的方式來排列四個步驟，然後以「雙向箭頭」在上方呈現兩個關鍵。（見圖 3-84）

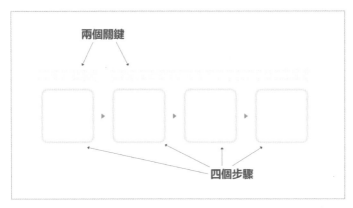

圖 3-84 │ 資訊視覺化的第二步，決定版面的結構性

然後，將對應的文字資訊擺放到設定好的版面結構上。（見圖 3-85）

圖 3-85 │ 決定層次感與結構性後，就完成了圖文懶人包的雛型

▌Step3：提升整體的視覺化

加入圖示的視覺化，包括留白、對齊、對比、親密與一致性（色彩方案、字型組合）的視覺法則運用，以及圖示的選擇與應用。

① 在色彩方案上，選擇綠色做為主題色，以深綠色做為重點色。

② 在字型組合上，選擇微軟雅黑體（標題／重點）與微軟正黑體（內容）的搭配。

③ 針對標題、重點與內容做了視覺上的優化：

- 在標題的部分，採用重點色來凸顯。
- 用圖示取代原本框線中的文字，將文字轉為輔助說明。
- 在圖示的選擇上，盡可能採用相同風格的，再加上線框或色塊來提高一致性。
- 對應兩個關鍵的箭頭，採用背景色設定為輔助資訊。
- 用重點色來強調主要的重點資訊，以主題色來強調次要的重點資訊。

最後，成果如下圖所示。（見圖 3-86）

圖 3-86 │ 資訊視覺化的第三步，提升整體的視覺化

比起最初的文字內容，這樣的圖文懶人包是不是簡單易懂多了呢？

144

還可以這樣做！用圖示來提升視覺豐富度

我們也可以採用其它的圖示，來取代這裡的呈現方式。（見圖 3-87）

圖 3-87 ｜ 以不同圖示呈現的圖文懶人包

　　甚至，也可以將這樣的單張圖文懶人包，拆解為多張式的；就像你在社群網站上常看到的那樣，根據不同的場景應用與需求，你完全可以製作出擁有個人風格的圖文懶人包。（見圖 3-88）

圖 3-88 │ 一頁只傳達一個訊息的多張式圖文懶人包

 案例重點提醒

1. 製作圖文懶人包要掌握兩個關鍵:故事結構、圖文搭配。

2. 單張式的圖文懶人包,偏重在傳達結構性的知識;而多張式的圖文懶人包,可以包含更多場景和情境的訊息,容易引起社群受眾的共鳴。

案例 15

幫「圖文懶人包」大改造，讓訊息傳達更簡潔、易懂

在一場大型產險公司的企業培訓中，某位學員提出了這樣的一個問題。

「老師，我想要推廣公司的商業火災保險產品給客戶。但是，又擔心過多的文字條例會讓人看不懂，客戶也不一定有時間聽我說明。對了！最近網路上很流行的圖文懶人包，不僅吸睛、也能讓客戶更容易理解。但為什麼我做出來的圖文懶人包，總覺得哪裡怪怪的⋯⋯客戶也反映，如果沒有搭配解說，根本看不懂！我該怎麼辦才好呢？」

我請學員提供她的作品，一起來看看如何改善。（見圖 3-89）

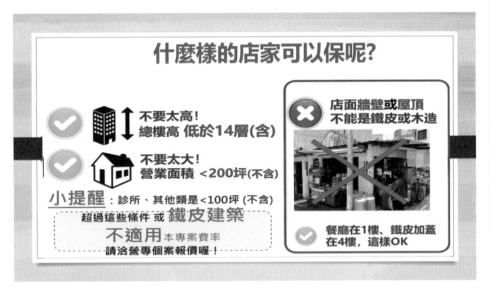

圖 3-89 │ 學員完成的圖文懶人包，不容易看懂想表達的訊息

在看過學員的作品之後，可以發現有幾個問題會造成不易閱讀與理解：

① 畫面中的資訊缺乏結構，不容易理解資訊彼此之間的關聯。

② 使用圖示是為了減少文字，但這裡用了更多文字說明，造成了反效果。

③ 字體忽大忽小，讓人不容易掌握重點，也會妨礙閱讀動線。

整體來說，這樣的圖文懶人包反而不如用文字條列來得清楚易懂。

可透過故事結構、圖文搭配兩關鍵，改善這張圖文懶人包。

聰明對策 1： 重新釐清傳達的資訊脈絡是什麼？

由於內容涉及到保險專業，所以我請學員一起利用心智圖整理出這張圖所要表達的訊息是什麼；然後重新整理出訊息傳遞的脈絡，包括「商業火災保險產品」可以投保、不能投保的對象有哪些？（見圖 3-90）

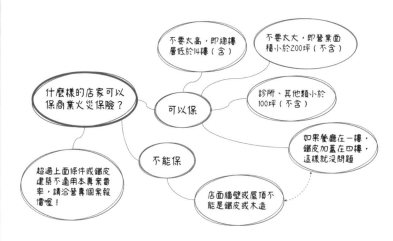

圖 3-90 ｜將資訊脈絡重新整理為一張心智圖

在整理資訊脈絡的過程中，我們也發現到了問題出在哪裡。

內容看似很清楚地區分出「可以保」與「不能保」的對象，但是又各自有例外的特殊情況，結果形成了「可以保」的條件下又有「不能保」的特例、而「不能保」的條件下也有「可以保」的狀況。在這樣交錯的邏輯結構下，所呈現出來的訊息自然使人難以理解。

因此，在與學員討論確認之後，我們將資訊的脈絡重新組織為三階層的條列式。（見圖 3-91）

什麼樣的店家可以保商業火災保險？

▎可以保
- 不要太高，即總樓層低於14樓（含）
- 不要太大，即營業面積小於200坪（不含）
- 診所、其他類小於100坪（不含）
  - ✓ 例外情況：超過上面條件或鐵皮建築不適用本專案費率，請洽營專個案報價喔！

▎不能保
- 店面牆壁或屋頂不能是鐵皮或木造
  - ✓ 例外情況：如果餐廳在一樓，鐵皮加蓋在四樓，這樣就沒問題

圖 3-91 │ 重新將資訊脈絡整理為簡單易懂的結構

接下來，我們的問題是該如何重新製作出簡潔、易懂的圖文懶人包？

聰明對策 2：透過層次感、結構性與視覺化，將內容做成圖文懶人包

▌Step1：劃分訊息的層次感

在前面整理資訊脈絡時，最後呈現的條列式已經劃分出明確的資訊層次了。

- 主題是「什麼樣的店家可以保商業火災保險？」
- 主要的關鍵訊息，就是可以保的三種對象、不能保的一種對象
- 次要的輔助訊息，就是上述條件下的例外情況

▌Step2：確認版面的結構性

　　這裡選擇採用「水平並列」的方式來排列四個重點（三種可以投保、一種不能投保的對象）。然後，上方放置主題、下方放置輔助內容（投保對象的說明文字）。（見圖 3-92）

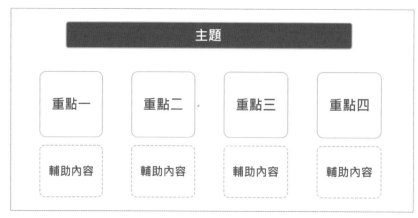

圖 3-92 ｜ 資料視覺化的第二步，確認版面的結構性

然後將資訊內容放置到設定好的畫面結構上。（見圖 3-93）

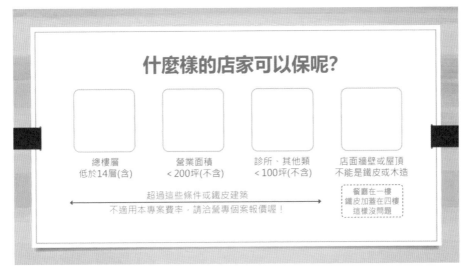

什麼樣的店家可以保呢？

| 總樓層
低於14層(含) | 營業面積
< 200坪(不含) | 診所、其他類
< 100坪(不含) | 店面牆壁或屋頂
不能是鐵皮或木造 |

超過這些條件或鐵皮建築
不適用本專案費率，請洽營專個案報價喔！

餐廳在一樓
鐵皮加蓋在四樓
這樣沒問題

圖 3-93 ｜設定好畫面結構，並將資訊依序排放，完成圖文懶人包的雛形

▌Step3：提升整體的視覺化

最後是運用色彩、圖示來提升整體的視覺化，包括運用留白、對齊、對比、親密與一致性（色彩方案、字型組合）的視覺法則，選擇適合的圖示並應用。

① 在色彩方案上，採用企業識別色（綠色）做為主題色，白底黑字為背景色、紅色為重點色。

② 在字型組合上，選擇微軟雅黑體（標題／重點）與微軟正黑體（內容）的搭配。

③ 針對標題、重點與內容做了視覺上的優化：

- 標題採用主題色的色塊來凸顯，再稍作傾斜來增加一些活潑感。
- 採用相同風格的圖示，並加上線框來提高一致性。

- 加上「打勾」與「畫叉」的符號來強化「可以投保」與「不能投保」的對象差異。
- 左下方區域感覺有些空洞、薄弱，改用箭頭色塊取代來維持畫面整體的平衡感（色塊通常是用來維持平衡感，但又不搶目光的一種常用方式）。

改造成果如下（見圖 3-94）

圖 3-94 ｜ 資訊視覺化的第三步，是提升整體的視覺化效果

 案例重點提醒

1. 釐清資訊脈絡，避免訊息交錯的結構導致內容不易理解
2. 圖文懶人包的圖示選擇，需要切合訊息傳遞的意思；如果找不到合適的圖示，則必須藉由文字說明來輔助理解。

 **案例 16**

把一篇文章做成「圖文懶人包」，瞬間抓住讀者的目光

　　如果希望爭取流量、擴大品牌曝光度，社群上的行銷絕對不容錯過。

　　不過，只有文字敘述的內容，不僅難以抓住消費者的目光，相較於圖文並茂的文案，也很容易就淹沒在訊息大海之中。假如說，你的文章內容明明很精彩、很有料，卻因為沒能被消費者看到而錯過了，不是很可惜嗎？一個有效的解決對策，就是把文章中的亮點、或者是有價值的資訊，製作為圖文懶人包，快速吸引消費者的目光，進而提高閱讀內容的意願。

　　我曾經受到一位從事滴雞精產品販售的業者委託，希望我將一篇關於「如何挑選滴雞精？」的知識文章，製作為一張圖文懶人包，在社群擴散，希望藉此提升品牌形象與知名度。

　　經過討論，我從文章中萃取出需要用到的內容。（見圖 3-95）

滴雞精怎麼選？ 四個秘訣快做筆記

資料來源：華人健康網

近年來食安問題連環爆，若不想自己花時間、動手製作滴雞精，又該如何在琳瑯滿目的滴雞精產品中，挑選到安心無負擔的優質品項？以下提供四個挑選秘訣做為參考。

Check 1：成分天然無添加？
坊間滴雞精依據淬煉的方法不同、顏色有深有淺，但是遵循古法、現代化設備滴釀淬鍊，只萃取第一道最精華的純正滴雞精，應呈現「琥珀色」，完全不需調味就能散發濃醇香，無腥味、無雜質。至於其他顏色的滴雞精，可能是淬煉過程中添加中藥材，抑或是淬煉完成後為了增加賣相和口感，再加工調味所導致。

Check 2：雞隻的選擇？
有好的雞，才能做出好的原味滴雞精！中醫觀點認為「以陽補虛」，製作滴雞精時盡量選擇運動量強，肉質結實，雄赳赳、氣昂昂的公雞，避免選擇母雞。母雞是蛋雞，淘汰後的老母雞油脂過多，肉質過老。

Check 3：產銷履歷查得到？
產銷履歷是確保食材來源安心的保障機制之一，民眾選購滴雞精產品時，可以先看看是否完整的生產履歷，目前國內有滴雞精業者，不但開放生產工廠及牧場供民眾參觀，其使用自有農場飼養、無施打生長激素、無藥物殘留、從小喝牛樟芝液及吃益生菌長大、自然放養16週的黑羽土公雞，也從食材源頭就做好雞種挑選和雞隻飼養的嚴格把關，獲得產銷合一的認證，更值得消費者信賴。

Check 4：製程嚴謹、零生菌？
滴雞精的製作過程繁瑣，從具有產銷履歷之合法牧場到CAS認證之屠宰廠，經由獸醫師檢疫合格後再進行宰殺，再從蒸煮、過濾、包裝到殺菌、裝箱、出廠，都需達到各種嚴謹的標準。民眾選購時可先瞭解產品製作工廠，是否得到國家級CAS、HACCP、ISO 22000、ISO 14001、有機認證及食在安心等專業認證，好的產品需經高溫高壓殺菌製程，完全無生菌，例如真空包裝於耐熱、耐凍的食品鋁箔積層袋，接著運用高科技滅菌設備，再次確保安全性，零生菌且封鎖營養美味；接著，再檢視營養成分、高蛋白質、零脂肪、熱量低、無防腐劑、無人工添加物和調味料的滴雞精，才能讓人喝了健康少負擔。

圖 3-95 ｜從原始文章中萃取下來的內容

要將這樣的文章內容製作為圖文懶人包，勢必不能採用所有的文字內容。

所以，我們遇到的難題就是該保留哪些文字內容？希望呈現給消費者的主題與訊息是什麼？又要用哪些圖示來呈現，讓人一看就懂？

聰明對策 1：重新理解內容的脈絡，萃取出需要的資訊

首先，我們先理解這篇文章中提到的主題是什麼，又有哪些重點？然後將內容整理為簡潔易懂的脈絡結構，就如同下面這張圖所看到的，這是在進行所有資料視覺化的事前準備工作。（見圖 3-96）

在整理出脈絡之後，可以看出主題是「挑選滴雞精的祕訣」，而重點就是對應的挑選的四個祕訣了。

挑選滴雞精的秘訣

▍近年來食安問題連環爆，如何挑選安心無負擔的優質滴雞精？
▍挑選的四個秘訣
　— **成分天然無添加**：遵循古法、現代化設備滴釀淬鍊的純正滴雞精，應呈現
　　「琥珀色」，完全不需調味就能散發濃醇香、無腥味、無雜質。
　— **雞隻的選擇**：製作滴雞精時盡量選擇運動量強、肉質結實的公雞，避免選
　　擇母雞。母雞是蛋雞，淘汰後的老母雞油脂過多、肉質過老。
　— **產銷履歷查得到**：產銷履歷是確保食材來源安心的保障機制之一，民眾選
　　購滴雞精產品時，可以先看看是否完整的生產履歷。
　— **製程嚴謹、零生菌**：滴雞精的製作過程繁瑣，民眾選購時可先瞭解產品製
　　作工廠，是否獲得國家級認證及食在安心等專業認證，好的產品需經高溫
　　高壓殺菌製程，完全無生菌。

圖 3-96 ｜ 從萃取的文章內容中，重新整理出所需資訊的脈絡

聰明對策 2：透過視覺法則，將內容做成圖文懶人包

▌Step1：劃分訊息的層次感

製作成圖文懶人包時，需要擷取出溝通重點。首先是找出和 TA 溝通的關鍵訊息，主要的關鍵訊息，是挑選滴雞精的四個祕訣，如成分天然無添加、雞隻的選擇等；次要的訊息則挑選對應的四個祕訣。

▌Step2：確認版面的結構性

同樣選擇用「水平並列」的排版模式來放置四個祕訣，並在版面上方放置主題與輔助說明、下方放置對應四個祕訣的說明內容。（見圖 3-97）

圖 3-97 │ 資訊視覺化的第二步，是確認版面的結構性

▌Step3：提升整體的視覺化

最後一步，加入圖示的視覺化，可運用包括留白、對齊、對比、親密與一

致性（色彩方案、字型組合）等視覺法則，讓圖示更能傳達出資訊要點。

① 在色彩方案上，採用代表滴雞精的琥珀色做為主題色。

② 在字型組合上，選擇微軟雅黑體（標題／重點）與微軟正黑體（內容）的搭配。

最後，改造後的成果如下圖。（見圖 3-98）

華人健康網 / 特別報導

挑選滴雞精的秘訣

近年來食安問題連環爆，如何挑選安心無負擔的優質滴雞精？

成分天然
零添加

雞隻首選
是公雞

產銷履歷
查得到

製成嚴謹
零生菌

圖 3-98 │ 資訊視覺化的第三步，是提升整體的視覺化效果

為了讓整體畫面看起來不至於太單調，我們可以在背景加上一張模糊化的圖片與半透明的遮罩，既能提升視覺上的質感，也不會對資訊閱讀造成干擾，這是社群行銷常運用的手法。（見圖 3-99）

華人健康網 / 特別報導

挑選滴雞精的秘訣

近年來食安問題連環爆，如何挑選安心無負擔的優質滴雞精？

成分天然
零添加

雞隻首選
是公雞

產銷履歷
查得到

製成嚴謹
零生菌

圖 3-99 │ 加上一張模糊化的背景圖片，提升視覺上的質感

 案例重點提醒

1. 在萃取文章內容時，只需要保留關鍵訊息與簡要的輔助資訊即可。

2. 要提升圖文懶人包在視覺上的質感，只要加上一張模糊化的圖片與半透明遮罩做為背景。

如何做出立體視角效果，讓畫面有立體空間感？

>>> 用微軟的 PowerPoint 就能辦到

當圖片很多不知怎麼排版時　# 可以做出圖片牆效果

多張圖片排版有許多方式，前面提過的「水平並列」或「水平／垂直並列」都可以運用。如果想呈現的是多張圖片依次堆疊的視覺效果，或是同時呈現多張軟體的操作畫面，又是怎麼辦到呢？

要將原本的圖片轉換為傾斜視角，不一定只能夠透過專業的設計軟體才能辦到，在許多人使用的微軟 PowerPoint 中就有這樣的功能。

想要做出立體視角的圖片牆效果？藉由兩個聰明對策就能輕鬆做到！

- 聰明對策 1：利用微軟 PowerPoint 中圖片效果的「立體旋轉」功能。
- 聰明對策 2：加入半透明的遮罩，來創造出光影效果。

舉例來說，在案例 07 中，我用了一張圖片來展現利用遮罩來處理畫面資訊過於雜亂的問題。（圖 3-100）

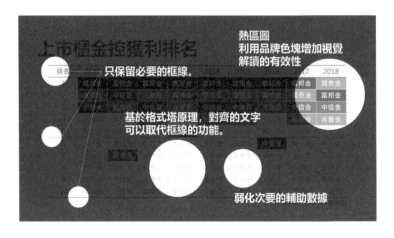

圖 3-100 ｜利用半透明遮罩來「弱化」表格內容，進而凸顯說明文字與對應區域

　　如果我想要用視覺化的方式，來說明這張圖是如何做出來的，該怎麼辦呢？最直覺的做法，我想到用三張圖來分解這張圖片的組成結構。但是，我會遇到一個大問題，為了展現這三張圖的層次結構，勢必只能採用「水平並列」的結構來擺放，但這會受限於畫面寬度，而使得這些圖看起來太小；更重要的，是完全看不出來有層次堆疊起來的視覺感。（圖3-101）

圖表內容　　　　半透明遮罩　　　　說明文字

圖 3-101 ｜用三張圖來展現遮罩運用的層次分解

　　我希望能展現出層次推疊的視覺感、同時讓圖看起來能大一些。最好的辦法就是運用聰明對策 1，改變這些圖的呈現視角，讓它呈現出立體視角的視覺感受。（見圖 3-102）

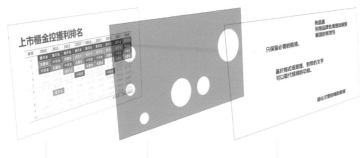

圖表內容　　　半透明遮罩　　　說明文字

圖 3-102 │ 改變圖的呈現視角，創造出立體視角的視覺感

　　同樣的元素，在改變立體視角之後，是不是在整體視覺上提升了許多？而且製作起來一點也不麻煩，只需要利用微軟 PowerPoint 中圖片效果的「立體旋轉」功能就能輕鬆做到！

　　關於這個功能的詳細介紹，我會在接下來的案例中說明的。

　　除了改變圖片的呈現視角之外，我們還可以透過聰明對策 2 來增加光影效果的變化，讓畫面整體看起來更富有立體感。比方說，你可以比較一下圖 3-103 中的兩張圖片，就能發現右邊加上一個漸層的半透明遮罩後，在視覺效果上會更為立體。

圖 3-103 │ 藉由漸層的半透明遮罩來增加光影效果

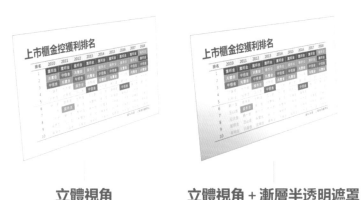

立體視角　　　立體視角＋漸層半透明遮罩

　　在下一個案例中，我會介紹實務上常被使用的圖片牆效果是如何做出來的？

160

案例 17

將視覺圖解作品整合為一張立體圖片牆

　　我曾經將個人的視覺圖解作品，製作出一張立體視角的圖片牆並分享在臉書上，結果廣受好評；許多人詢問我是如何做出這樣的視覺效果的，是不是利用什麼專業的繪圖軟體辦到的？（見圖 3-104）

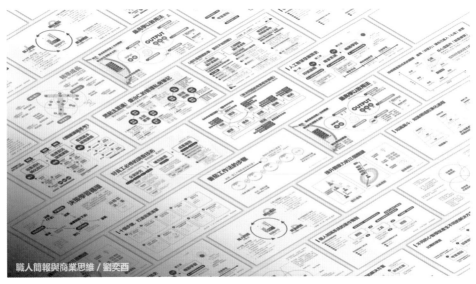

職人簡報與商業思維 / 劉奕酉

圖 3-104 ｜ 用多張視覺圖解製作出立體視角的圖片牆

　　其實沒有，我使用的是和多數人一樣的微軟 PowerPoint 而已。怎麼辦到的？讓我來告訴你吧。

聰明對策 1：利用「立體旋轉」做出立體視角的圖片牆

　　首先，你得將多張圖片排列成圖片牆的形式，我會建議可以像磚塊牆那樣的交錯排列。（見圖 3-105）

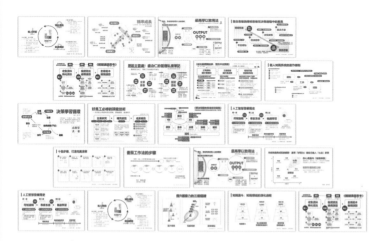

圖 3-105 │ 第一步是將多張圖片排列為圖片牆的形式

　　然後選取所有的圖片，組成一個群組。這樣後續在進行立體視角的轉換時，會是以「一張」圖片、而不是「很多張」圖片的形式處理。（見圖 3-106）

圖 3-106 │ 將要進行「立體旋轉」的相關圖片組成一個群組

在設定圖片格式中，我們可以找到「立體旋轉」的功能選項。（見圖 3-107）

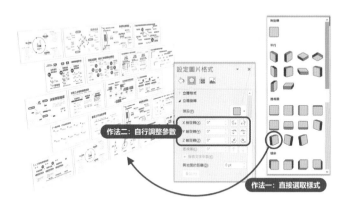

圖 3-107 │ 選取樣式或調整參數來改變圖片的立體視角

有兩種方式可以改變圖片的立體視角，第一種是直接選取內建的樣式，第二種是自行輸入設定的參數來調整呈現出的立體視角。我的建議是根據選單內的圖示，選取希望呈現的樣式，然後再調整參數改成你覺得理想的視角。

舉例來說，我在這裡所呈現的立體圖片牆，就是先選擇樣式、再修正參數的做法；如果你也想做出像我一樣的成果，不妨照著我的參數值設定來輸入。（見圖 3-108）

圖 3-108 │ 我的立體旋轉參數設定值

透過「立體旋轉」的功能，我們就可以做出一張帶有立體視角的圖片牆。
（圖 3-109）

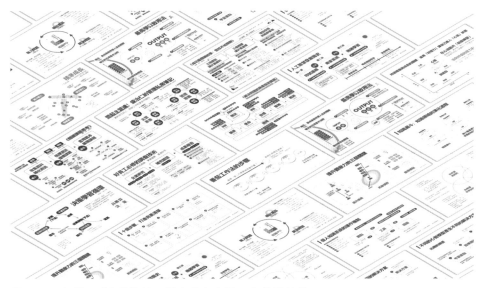

圖 3-109 ｜利用「立體旋轉」做出帶有立體視角的圖片牆

聰明對策 2：利用漸層的半透明遮罩，創造出視覺上的光影效果

如果我們希望在這張立體圖片牆上加註文字說明，可以利用漸層的半透明遮罩來創造出光影效果與層次感。比方說，這裡我使用的是對角線的黑色漸層半透明遮罩，然後在左下角加上個人頭銜，就是一張吸睛的社群行銷文案圖了。（圖 3-110）

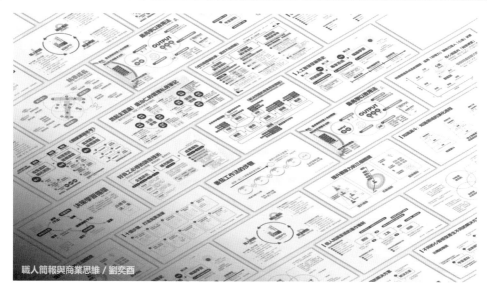

職人簡報與商業思維 / 劉奕酉

圖 3-110 │ 運用半透明遮罩創造出視覺上的光影效果與層次感

 案例重點提醒

1. 將進行「立體旋轉」的多張圖片先組成群組。

2. 有效率的方式,是選取內建的立體視角樣式、再調整參數改成期望的立體視角。

3. 加上漸層的半透明遮罩,增加光影效果能進一步提升視覺立體感。

別人的圖就是比較好看？免費素材哪裡找、怎麼用？

>>> 懂得找素材資源，建立自己的資料庫

適用於社群媒體　# 活動文案、內容變現

製作圖文搭配的視覺化時，最大的困擾就是無法將腦中的想法完整的表現出來。

「我希望用一張○○○的圖，可是就是找不到適合的，好煩吶～」

「我也想用圖示來製作圖文懶人包，可是要到哪裡去找圖示呢？」

「為什麼別人搭的圖都這麼好看，都是到哪找來的啊？」

「遇到配色的問題就好困擾，老師說只要用兩到三種顏色就夠了，但我怎麼配就是不對。」

相信很多人都遇過這樣的困擾，包括我自己也是。總覺得現在用的這張圖不夠貼切，這組配色看起來好像哪裡怪怪的。

時間，就是這樣被消耗掉的。但是，又能怎麼辦呢？

靠別人，不如靠自己

學會攝影、學會繪圖軟體，最好還要懂一些設計理論；拍照、修圖、繪圖、設計全都一手包辦，好處是你完全可以

照你的想法去呈現，而且擁有自己的風格，和別人撞圖的機率也頗低；但前提是你必須付出相當多努力去學習這些技能，而且需要一點點天分。

呃，還是算了吧！

其實你不需要這麼辛苦，雖然說擁有這些技能的確能讓你展現出「異於常人」的表現，但這不是這本書所要傳達的概念。我希望給你的，是解決這些視覺化難題的聰明、簡單的對策。

不只站在巨人的肩膀上，還懂得用巨人的雙手

拜網路科技所賜，我們可以在網路上輕易找到各種教學與素材的分享。

然而，沒有資源是一種煩擾，太多資源也是一種煩惱，會造成選擇障礙。所以要懂得節制，好用的資源兩、三種就夠。在這本書中，我整理了一些個人常用、好用的免費素材資源；但也因為是免費的，所以會隨著時間進行更新或淘汰。

當然，你也可以依此去擴充或是替換成你覺得好用的。

沒有絕對好或是不好的資源，端看你怎麼使用。但是呢，不曉得你有沒有發現？每次自己看到別人推薦的素材資源，第一個反應就是先轉分享或收藏起來、然後愈來愈多，可是大多數從來沒用過。當你要開始製作簡報或視覺化作品時，還是四處亂找，然後時間就耗費在重複地搜尋上。

聰明建立資料庫，減少重工，效率大提升

建立自己的素材庫。這是坊間的書籍或是高手很少會告訴你的。很多人會分享豐富的資源，但未必會開誠布公的說明，自己是如何有效率的使用與管理這些素材。

我有一個小技巧，或許對你有幫助。

當你下一次看到別人推薦的素材資源，在存進自己的書籤前，請多做一個動作。

- **分門別類設立不同的資料夾來存放**。例如：圖庫、模板、選色、教學等。
- **編輯每一個書籤名稱，為它們加入一些說明**。比方說「FoodiesFeed｜以食物為主題的免費圖庫」、「Gratisography｜風格偏時尚前衛的圖庫」這樣的書籤標示，下一次在找尋時是不是就清楚多了？

為了節省重複搜尋的時間，我建議建立自己的素材庫。在每次搜尋的過程中，將看到覺得不錯的素材，存放在自己的電腦中或是存放在雲端。當然，一樣透過不同的資料夾以及層級的方式，分門別類存放這些素材。

每次搜尋素材所花費的時間，在下一次需要同樣的素材時，就可以省下再次搜尋所耗費的時間。這麼做的好處在一開始並不明顯，甚至會花更多時間；但是隨著你產出視覺化作品的次數增加，你就會感受到這個方法的好處。

接下來，就讓我和你分享這些年來整理的素材資源與用法。

案例 18

圖片素材的資源哪裡找？怎麼用？

網路上找圖很方便，有很多的免費圖庫，甚至用 Google 就可以找到各式各樣的圖。

但是，找到的圖不代表你就可以用；標註了出處，也不代表沒有著作權的問題。你用了沒事，可能只是沒人找你麻煩，或者從你身上討不到便宜。

但是當你是以公司員工的身分，或是自己就是創業者時，情況可能就不一樣了。

在這裡所列出的素材資源「基本上」都沒有使用上的問題，但是還是請注意各家網站上的使用說明，而且使用規則隨時可能會更改，還是請各位多注意。

01 ｜ Google Image Search（簡單好上手）

https://images.google.com/

支援文字搜圖、以圖搜圖、語音搜圖的功能，可以在「使用權」的下拉式選單中，選擇希望搜尋結果具備的授權；建議選擇「創用 CC 授權」的選項。

創 用 CC（Creative Commons）與 CC0 是不同的概念。前者允許著作權人在一定範圍內，選擇釋出的

權利，並保留部分權利；後者是提供一種「不保留權利」的授權選擇，讓權利人能選擇不受著作權及資料庫相關法律保護，也不享有法律直接提供給創作人的排他權。

02 ｜ Unsplash（高解析度圖片首選）

https://unsplash.com/

專門提供「無著作權（CC0）」的高解析度圖片，可能是目前最大的免費相片共享網站，有許多攝影師會將相片上傳的這個網站分享；是我目前找實景圖優先考量的網站。

03 ｜ CC0 免費圖庫搜尋引擎（萬用圖片搜尋引擎）

https://cc0.wfublog.com/

顧名思義就是提供「無著作權（CC0）」圖片的網站，而且連結了眾多圖庫。可以說擁有這一個網站，就等於擁有了所有主流圖庫；支援中英文關鍵字搜尋，背後的搜尋引擎採用的是 Google 的自訂搜尋。

04 │ PAKUTASO（日系場景人物圖片必備）

https://www.pakutaso.com/

日本免費圖庫素材網站，收錄的圖片完全是日系場景與人物為主；如果你需要使用一些貼近亞洲風格的圖片，可以來這裡找找。雖然只支援日文搜尋，但可以從搜尋列下拉選單挑選分類或用顏色搜尋，對於需要尋找色彩風格一致的圖片的人來說，相當實用。

05 │ Pexels（什麼都有、什麼都不奇怪）

https://www.pexels.com/zh-tw/

如果說要找一個支援中文搜尋的免費圖庫，我想就是這個了。不只提供圖片，也包含影片的素材下載；可以根據關鍵字、比例、大小與色彩來搜尋需要的素材。

06 │ Pixabay（向量圖、插圖來這找）

https://pixabay.com/

　　除了圖片之外，也提供向量圖、插圖的素材，支援多種條件的搜尋，像是關鍵字、比例、大小與色彩等。

　　除了以上圖庫是我常使用到的，還有一些特殊主題的圖庫也蠻值得推薦給有需要的人。

ⓘ 特殊主題圖庫這裡找

01 │ FoodiesFeed（美食料理主題）
https://www.foodiesfeed.com/
以美食爲主的免費圖庫，提供各式烹飪烘焙及異國料理相片的下載。像是咖啡飲料、蔬菜水果、早餐甜點、烹飪烘焙、魚肉類、配料、義大利麵及披薩、異國料理等，都可以在這裡找到。

02 │ Sozai-Page（去背食材都在這）
http://www.sozai-page.com/index.html
日本的一個食物、食材免費圖庫，提供的都是去背的高解析度圖片，這些免費圖片適用於個人或商業用途，也能用於餐廳菜單或宣傳印刷，不受任何使用限制。

03 │ Gratisography（風格前衛）
https://gratisography.com/
強調設計感及空間情境的免費圖庫，風格前衛。

04 │ Low Polygon Art（多邊形背景圖）
http://www.lowpolygonart.com/
超過一千多張免費的多邊形背景圖，提供 100/200/300/400/500 端點的選擇。

案例 19

圖示素材的資源哪裡找？怎麼用？

前面介紹的是圖片素材資源，如果要製作圖文懶人包或牽涉到扁平化設計，又要上哪找資源呢？以下介紹好用的圖示素材庫，讓你依需求使用。

01 | The Noun Project（個人最愛）

https://thenounproject.com/

提供設計師上傳分享自己製作的圖示，目前已經累計超過三百萬個圖示。分為免費、付費使用，免費使用者可以下載搜尋到的 PNG 圖檔或 SVG 向量圖檔，可商業使用但必須標示作品的創作者與來源；付費使用者可以針對圖示進行色彩與細節的編輯。

02 | human pictogram2.0（惡搞第一名）

http://pictogram2.com/

源自日本的人形圖示素材網站，可以找到各種誇張的人物肢體動作圖示；你在社群網站上看到的有趣圖示，大多可以在這個網站中找到。需要發揮創意、有趣的圖示，絕對不能錯過。

03 | Instant Logo Search（品牌商標 Logo）

http://instantlogosearch.com/

線上品牌 Logo 搜尋服務，提供 SVG 與 PNG 格式下載；網站收錄的品牌主要以科技或網路服務為主，當然也有不少世界知名品牌列入其中。

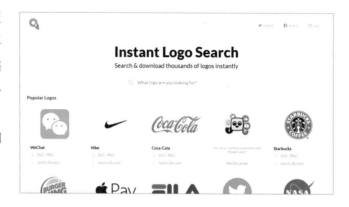

04 │ Material Design Icons（Google 官方圖示素材）

https://material.io/resources/icons/?style=baseline

Google 免費提供的
設計圖示，主要都是黑
白簡約風格的圖示。適
用於商務場合，想統一
風格的人。網站提供五
種風格：實心（Filled）、
鏤 空（Outlined）、 圓
角（Rounded）、雙 色
（Two-Tone）、 銳 利
（Sharp）。

　　除了以上圖庫是我常使用到的，還有一些知名圖庫也值得去挖寶。

> ### ⓘ 其他很好用的圖庫資源
>
> **01 │ PngImg（去背插圖素材）**
> https://pngimg.com/
> 世界最大去背圖庫，兩萬張免費 PNG 插圖下載。
>
> **02 │ FlatIcon（扁平化風格最多）**
> https://www.flaticon.com/
> 近四百萬個圖示素材庫，提供相當多格式，包括 SVG、PNG、PSD、
> WebFont；可依照圖示的輪廓，如彩色、實心、線條等條件進行搜尋。
>
> **03 │ ICOOON MONO（簡約日系風格）**
> https://icooon-mono.com/
> 約六千個免費圖示，數量不多但屬於單一色系的簡約日系風，可線上調色。

CHAPTER 4

〔圖表篇〕
讓數據說話，
更要用圖表說一個好故事

面對一組數據，你會如何使用圖表來呈現？

圖表怎麼選、如何美化、如何解決真實場景中的問題，還有如何簡明扼要地用圖表說出一個精采、有說服力的故事，在這裡你都可以找到聰明對策！

📋 本章教你

視覺化圖表如何選？怎麼用？

>>> 選擇適合的圖表有說服力公式

適用於問卷　# 工作報告　# 知識變現

你覺得自己懂得如何使用視覺化圖表嗎？

如果答案是肯定的，我想你可以跳過接下來的十道難題。但若是你不太確定這個答案、想要知道有沒有讓自己更能精進使用圖表的方法，那麼我希望你可以在這裡獲得一些有用的技巧。

資料隨手可得、工具使用方便，人人都可以做出一張圖表，但沒有讓溝通變得更輕鬆，反而產生了更多問題；手邊的資料愈多，卻愈難去蕪存菁、展現出關鍵的訊息。

柯爾在《Google 必修的圖表簡報術》（*Storytelling with Data*）中就開門見山地說：

「沒有人會刻意製作爛圖表，但爛圖表還是層出不窮！」

任何公司、任何人都有可能做出爛圖表，在社群媒體上也常見到圖表誤用、訊息不清的事件發生。為什麼會這樣？柯爾在書中指出：沒人天生就會用資料說故事。將資料轉化為資訊、萃取出洞見，再透過視覺化圖表呈現，甚至是說好一個故事，是需要經過學習的。

所有人都可以將資料輸入繪製圖表的工具、製作出圖表，但未必懂得選擇合適的圖表、用資料說出一個好故事；甚至不知道在繪製圖表之前，其實應該先對資料進行分析、處理，而不是直接丟進工具中，然後等待著驚喜出現。對受眾來說，感受到的往往只有驚嚇。

　　關於視覺化圖表，多數人面對的難題不外乎有三個：

① 圖表該如何選？怎麼用？

② 如何提升圖表的視覺化效果？

③ 如何用圖表說一個有說服力的好故事？

解決這些難題的聰明對策有三個：

● 聰明對策 1：圖表選擇的「點線面」原則、與圖表使用的「TOP」原則。

● 聰明對策 2：運用視覺法則（層次感、結構性與視覺化）提升訊息傳達的視覺成效。

● 聰明對策 3：視覺化圖表的說服力公式

　　我會在後續的案例中，告訴你如何運用這些聰明對策。在這個難題，我們先來解決第一個問題：圖表該如何選？怎麼用？

聰明對策 1：圖表的選擇，就用「點、線、面」原則來判斷

你知道有多少種圖表類型嗎？據我所知，在最新版 Microsoft 365 中的 Excel 工具提供了超過四百種的圖表類型可供選擇。哇，這也太多了吧。

為了滿足各種特殊的資訊呈現需求，每天都有新的圖表被創造出來；特別是資料科學領域，持續在尋找更有效率的視覺化方式來探索與呈現資料中的訊息。但對於一般職場工作者來說，沒有必要標新立異使用特別的圖表，甚至自創一個新的圖表出來，這只會增加其他人解讀圖表的困難。當理解圖表的難度，遠大於傳達訊息的價值，就會視為爛圖表！

因此，我們應該做的，是找出資料中的資訊或洞見，然後用合適、簡單的圖表來呈現。一般而言，根據使用圖表的三個目的來選取對應的八種圖表，就足以解決工作上的問題了。（見圖 4-1）

圖 4-1｜職場工作者常用的八種圖表

根據你想呈現的是資料的關聯，走勢的變化，還是大小的比較，來選擇對應的圖表。

▌點：展現資料之間的關聯

- **散布圖：呈現兩組資料之間的關聯或分布。**比方說，消費者購買力與購買頻率之間的關聯；各產品的市占率與成長率之間的分布。

- **泡泡圖：呈現三組資料之間的關聯或分布。**比方說，在客戶關係管理（CRM）中有一個經典的 RFM 模型，會使用泡泡圖來呈現在一段時間內，客戶最近一次購買的時間、購買的頻率以及購買金額之間的關聯與分布情況。

▌線：展現資料隨時間變化的趨勢

- **折線圖：呈現單組或多組資料的變化趨勢。**比方說，過去十年公司營收年成長率的變化；不同產品銷售額各自的成長趨勢。

- **斜線圖：呈現二個時間點的資料變化，又稱為斜率圖（slopegraphs）。**比方說，企業過去兩年員工在各項指標上的滿意度變化；公司各項產品營收比例在上、下半年的變化。

▌面：展現資料之間的規模的比較

- **長條圖：呈現單組或多組資料的大小比較。**比方說，台灣各縣市的降雨量比較。長條圖也可以用來呈現資料隨時間變化的趨勢；但座標軸必須從零開始，不像折線圖可以透過改變座標軸來放大或壓縮變化的幅度。

- **圓餅圖**：展現多組資料在比例大小的比較。比方說，不同手機品牌在市占率的比較；產品成本中各項目的大小比較。

- **瀑布圖**：呈現資料之間的增減變化過程。比方說，銷售收入與稅後淨利之間，各項成本的增減變化。

- **雷達圖**：呈現單組或多組資料在不同維度的比較。比方說，不同員工在各項能力上的相對表現比較。

在後續的案例中，你可以找到這些圖表各自的使用與視覺化技巧。

圖表的使用，就用「TOP 原則」來思考

圖表的使用，是為了提供判斷的依據、創造行動的誘因，讓觀看圖表的人能採取行動。

「喔，然後呢？所以咧？」

如果對方看完後只有這樣的反應，很有可能是你使用的圖表不對，或是沒有傳達出有價值的資訊，也有可能是你說的故事並沒有打動對方。

在製作圖表、使用圖表來達成某些效果之前，我建議你先釐清三件事：對象（Target）、目的（Object）與場合（Place），又稱為「TOP」原則。

- **對象**：圖表是給誰看的？
  － 確認了對象，就能找到合適的方向來準備圖表。

－給自己看的，只要能找出訊息就好；如果是給對
　　　方看的，就必須站在對方的角度思考，如何讓訊
　　　息的傳遞更直覺有效？選擇合適的圖表是必要的
　　　條件；除此之外，凸顯重點、將想要傳達的訊息
　　　直接寫在標題中也是有效的方式。

● 目的：傳達的訊息是什麼？希望對方看完後的反應是？

　　－釐清了目的，才能找到有效的方式來使用圖表。
　　－舉例來說，希望透過圖表展現資料的關聯、變化
　　　的趨勢，或是規模的比較，可以選擇對應的圖表
　　　類型。在向主管報告時，希望對方聽完後感到安
　　　心；在說服客戶時，希望對方聽完後能感到信任
　　　而不是對資料產生質疑；在與團隊成員討論時，
　　　希望對方聽完後容易理解並且提出看法。

● 場合：圖表用什麼形式展現？

　　－清楚了場合，才能找到正確的方法來呈現圖表。
　　－圖表是用在公司對外的正式文件、內部會議的討
　　　論報告、社群行銷的文案，還是 EDM/E-mail 中的
　　　附件？是電子輸出、還是實體印刷？輸出時有沒
　　　有色彩的限制，是黑白、灰階、單色還是彩色？
　　　需不需要有人輔助說明？這些因素都會影響到圖
　　　表在視覺化上有不同的表現方式。

 **案例 20**

課前、課後問卷調查結果，該如何做成圖表？

近年來，將「遊戲化教學」引進教育培訓的企業愈來愈多，也都看到顯著成效。

這是某家半導體公司，先進行一場遊戲化教學的試教計畫，目標是希望蒐集同仁對教育培訓的觀感回饋，作為正式引進遊戲化教學的評估參考。

針對兩百位參與試教計畫的同仁，分別在課前、課後做了問卷調查。訓練單位的承辦窗口將兩次問卷的結果統計如下表。（見圖 4-2）

企業完成一項遊戲化教學試教計畫，目標是蒐集同仁對於教育培訓的觀感回饋，調查結果如下：

對教育培訓的觀感？		
選項	試教前	試教後
很好玩	11%	25%
還不錯	16%	34%
沒感覺	30%	14%
不喜歡	24%	15%
很無聊	19%	12%
總計	100%	100%

資料來源：針對企業內部二百同仁，進行試教前與試教後的問卷調查

圖 4-2 ｜試教計畫課前、課後問卷調查的統計結果

承辦窗口告訴我，希望將這些結果做成視覺化圖表，好在下次的月會上報告。先前，他已經做了一份圖表給主管看，但被要求重做了好幾次，所以希望我能給他一些改善建議。（見圖 4-3）

企業完成一項遊戲化教學試教計畫，
目標是蒐集同仁對於教育培訓的觀感回饋，調查結果如下

試教前：對教育培訓有何觀感？

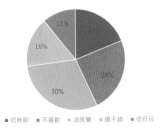

試教後：對教育培訓有何觀感？

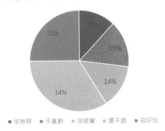

圖 4-3 │ 承辦窗口製作的統計圖表

　　如果你有從頭看這本書，現在可以告訴我這張圖表出了什麼問題嗎？

視覺化圖表的關鍵：到底想告訴我什麼訊息？

　　我們之所以將資料繪製成視覺化圖表，除了容易理解，更希望能一眼就看到關鍵的訊息。於是我問了承辦窗口，希望傳達給主管的訊息是什麼？

　　「呃……同仁原本都不太喜歡教育培訓，從統計結果可以看出來。」

　　「試教後，覺得還不錯的比例增加的最明顯，認為很好玩的也變多了。」

　　「還有，覺得無聊、不喜歡的同仁比例減少了很多耶。」

　　「對了，這次我們測試了兩百位同仁，起初他們還不太願意呢！」

　　「後來呀，有些同仁覺得不錯，回去分享給其他同仁。還有人問我有沒有下一場呢！」

聽起來，這次試教計畫挺成功的。但是，你有沒有發現，承辦窗口說了一堆，就是沒有提到「試教計畫很成功」這件事。所以，我又追問對方覺得這次試教計畫的成果如何？

「還不錯吧？我猜應該是成功的……從數據上看來是這樣。」

還不錯？如果報告的人自己都不確定，又怎麼能說服他人接受呢？我告訴這位窗口，必須釐清想要傳達的訊息是什麼？然後明確地告訴對方，讓對方確實地接收到你想傳達的訊息。

「所以，你想呈現這張圖表的目的是什麼？你希望主管的回應是什麼？」

我很認真地問了窗口這個問題。還記得嗎？我在前面說過，這是在進行圖表視覺化之前第一件要思考的事。

「我希望讓主管和其他同仁看到，這次的試教計畫是成功的！我希望能正式引進遊戲化教學，所以要獲得主管與其他高層的認同與採納。」

太棒了！我要的就是這個。釐清了圖表的目的與對象，我們才能找到有效改善圖表的方式。

聰明對策 1：用「點、線、面」來判斷圖表的選擇

使用圓餅圖是不是一個好的選擇呢？

這個問題，我們可以從使用圖表的目的來判斷。從這個試教計畫的課前、課後問卷統計結果，我們希望展現的是資料的關聯（點）？前後的變化（線）？還是比例的比較（面）？

如果使用圓餅圖，那麼希望展現的是比例的比較。比較什麼？在課前、課後問卷上五個選項的結果比較。除此之外，我們也可以選擇用長條圖、雷達圖呈現比較結果，因為它們都屬於「面」的圖表類型。

　　那麼，有沒有可能，我們想呈現的是前後的變化？例如，課前、課後同仁對於教育培訓的觀感變化。聽起來也合理，而「線」的圖表類型中，可以使用斜線圖來呈現前後的變化。你可能會問：這裡可以用折線圖嗎？

　　當然不行。折線圖只能使用於連續型的資料，比方說：時間。

　　所以總結來說，這裡可以使用的圖表類型有兩種：

- **展現前後的變化**：斜線圖（線的類型）
- **展現比例的比較**：圓餅圖、長條圖、雷達圖（面的類型）

聰明對策 2：利用視覺法則中的層次感與視覺化，來突出圖表的主題和關鍵訊息

　　在看到這張圖表時，我們會希望先看到主題是什麼？關鍵訊息又是什麼？其次，才是圖表與其他輔助資訊。簡單來說，在設計一張視覺化圖表的層次上，我們要清楚地區分出主題、關鍵訊息與圖表這三個要素。

　　如果我們在選擇圖表的過程中，已經挑選了合適的圖表類型，基本上，結構性已經沒有太大問題，只要延續窗口所做的那張圓餅圖即可，在視覺化上我會做出這樣的改變。（見圖 4-4）

① 將關鍵訊息直接寫在標題中，讓對方一眼就看到。

② 減少圓餅圖的色彩項目，用相近色將五個選項歸為三類。讓顏色更直覺地展現出正面與負面觀感的比例變化。

③ 將兩張圖表的表頭抽取出來，凸顯問卷調查的主題，以及補上資料來源
（這很重要！）

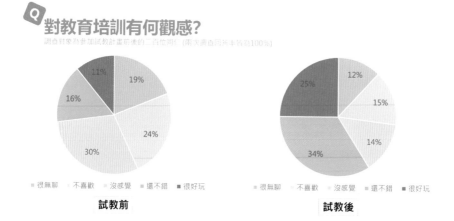

遊戲化教學試教計畫大成功！

對教育培訓有何觀感?
調查對象為參加試教計畫前後的二百位同仁（兩次與同答卷皆為100%）

圖 4-4 │ 劃分出層次感、改善視覺化效果後的圓餅圖

除了圓餅圖之外，還可以怎麼做？

　　除了圓餅圖，剛剛我們有提到，長條圖、雷達圖、斜線圖，都是可以使用
的圖表類型；但運用時目的上有所不同，端看你是要展現出比例的比較、還是
前後的變化。

　　比方說，我可以採用斜線圖來展現出課前、課後在觀感上的變化。在
「Before/After」的資料類型，這樣的圖表還蠻適合使用的，我們可以從斜率
的變化，很快看出哪些變化是提升的、哪些又是下降的？（見圖 4-5）

遊戲化教學試教計畫大成功!

Q 對教育培訓有何觀感?
調查對象為參加過試教計畫範例(B)的二百位同仁(四拾肆由回答率皆為100%)

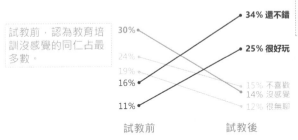

試教前,認為教育培訓沒感覺的同仁占最多數。

30%
24%
19%
16%
11%

34% 還不錯
25% 很好玩
15% 不喜歡
14% 沒感覺
12% 很無聊

試教後,認為教育培訓還不錯、很好玩的同仁大幅增加了。

試教前　　　　試教後

圖 4-5 │ 使用斜線圖來展現「Before/After」的變化趨勢

　　從圖表中不難看出,在試教計畫結束後正面觀感都大幅提升,而負面觀感都是下降的,更能呼應我們想要傳達的「試教計畫大成功」訊息。

　　此外,使用長條圖也是一種可行的選擇。(見圖 4-6)

遊戲化教學試教計畫大成功!

Q 對教育培訓有何觀感?

試教前,大多數同仁對於教育培育的觀感都不算好。

試教後,認為教育培訓還不錯、很好玩的同仁大幅增加了。

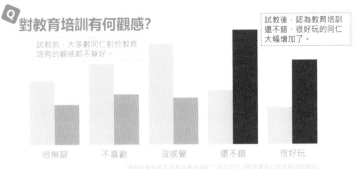

很無聊　　　不喜歡　　　沒感覺　　　還不錯　　　很好玩

調查對象為參加過試教計畫範例(B)的二百位同仁(四拾肆由回答率皆為100%)

圖 4-6 │ 使用長條圖來比較課前、課後同仁觀感的變化比例

也可以嘗試用橫向的比例長條圖。（見圖 4-7）

比例長條圖，和圓餅圖有異曲同工之意；而採用橫向的長條圖，是因為考量空間的平衡感，讓畫面兩側不至於有太多空白。

遊戲化教學試教計畫大成功！

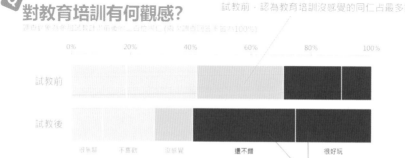

圖 4-7 │ 以橫向的比例長條圖來展現同仁觀感上的變化

試試商管雜誌的風格如何？

有時我們會在《商周》、《天下》等雜誌中，看見一種資訊視覺化的形式，只有關鍵數字與重要訊息，然後搭配一張滿版的圖片，看起來就很專業、很有權威性。

我們也可以試著做出這種風格。（見圖 4-8）

遊戲化教學試教計畫大成功！

試教計畫後，

59%

同仁對教育培訓產生興趣；

試教前僅為27%。

（因為調查為多項調查計算前數們二者由對比。
(滿分調查項目基準點為100%)

圖 4-8 │ 以圖文搭配關鍵數字，做出商管雜誌的視覺化風格

以上幾種圖表與視覺化方式，你覺得哪一種最能打動你呢？

案例重點提醒

1. 圖表類型的選擇，取決於使用圖表的對象與目的。

2. 運用視覺法則，劃分層次感、確認結構性，然後提升整體的視覺化效果。

3. 不確定哪一種圖表比較適合時，建議都做做看。

如何讓表格看起來更有專業感與質感？

>>> 將資料直接複製貼上，絕對 NG ！

(# 想清楚是第一步) (# 重新整理結構)

在工作上，許多人會習慣使用表格來整理資料，這是為了建立資料的結構性，以符合分析工具所需要的格式；然後，將需要的資料表直接複製、貼上在報告上。

這樣的資料表肯定成效不好。為什麼？因為很難一眼看出重點，於是我們又在表格上加上顏色、畫上框線，來凸顯我們希望對方看到的重點。結果就是，令人眼花撩亂、複雜的表格與圖表，不僅看不到重要的訊息，也打消了對方想看的念頭。

其實，想要提升表格在視覺上的成效，我們可以透過視覺法則來改善。但是在這之前還有一道更重要的程序，那就是過濾出我們需要的資料有哪些。換句話說，不需要的資料即使重要，也不該放進你的表格或圖表中。

想要做出專業、有質感的表格，我有兩個聰明對策：

- 聰明對策 1：理解與篩選資料，只保留需要的資料內容。
- 聰明對策 2：運用視覺法則來提升表格的視覺效果、凸顯關鍵訊息。

接下來，我用兩個案例讓你更清楚如何做到。

案例 21

如何將蒐集到的資料，整理成一張好閱讀的表格？

　　凱西是一位市場行銷人員，她的職責就是市場資訊的分析與整合，提供行銷、業務與相關人員製作報告時所需要的素材。她總是很認真地完成交付的工作，甚至將蒐集來的資料重新製作表格與圖表，只為了讓視覺風格更有一致性。但是，主管並沒有因而感到滿意，常常要求她重做，甚至請她直接提供原始資料來源還比較省事。為此，凱西與她的主管都感到很無奈，卻也不知道該如何是好。

　　她的主管在一次合作的過程中，跟我提到了這件事。

　　「劉老師，不知道能否麻煩你一件事？我有位員工，做事很認真、也很細心，但有時總是給人狀況外的感覺。」

　　「哦？怎麼說呢？」我好奇地問了這位主管。

　　「老師，你可以看看這一頁報告出了什麼問題嗎？」

　　主管拿了一份報告（見圖 4-9）給我看，指著其中一頁這麼說著。

國民所得統計常用資料

資料來源：行政院主計總處（2020/11/27更新）

圖 4-9 ｜凱西重新繪製後的表格

在了解事情的來龍去脈之後，我大概抓到問題點在哪裡了。

主管希望凱西提供的是「資訊」表格、而不是「資料」表格。你發現這兩者之間的差異了嗎？這張表格上的「訊息量」太多了，對使用表格的人來說會覺得很難用、不夠專業，因為他們得花時間去解讀表格中的資訊，然後標示出他們需要的。

當這些人在向他人進行報告，他們的受眾同樣會感到同樣的困擾：該如何看這張表格？

所以，在改善這張表格之前，應該先搞清楚我們希望傳達的訊息是什麼。

聰明對策 1：釐清資料脈絡、擷取出需要的部分

我們都聽過「少即是多」的道理，在表格上的資訊呈現也是如此。

釐清這張表格的目的是什麼？希望呈現什麼資訊？如果只是提供分析使用，那麼連做成報告都沒有必要，提供對方一個 Excel 檔案可能更實用；但如果是為了傳達某些資訊、甚至是重要訊息，那麼我們應該刪去不必要的內容。

主管告訴凱西，希望表格能呈現出「過去五年國民所得的變化趨勢、以及未來一年的預估值」這樣的訊息。現在我們回過頭檢視這張表格，你能看出這樣的訊息嗎？我想可以，但不容易。

因為有太多的雜訊會干擾表格的閱讀。

- 有哪些資訊是必須的？
- 國民總所得、平均每人所得都是需要的嗎？

- 金額單位使用台幣、美元，還是都要？
- 時間軸上需要展開到每一季嗎？還是以年為單位就足夠了？
- 數據單位能不能簡化？還是需要很精細的具體數字？

釐清這些問題之後，發現主管希望呈現的是以每年的變化趨勢，所以只需要擷取出「期中人口、經濟成長率、平均每人 GDP、平均每人 GNI、平均每人 NI」這五個欄位的資料。（見圖 4-10）

國民所得統計常用資料

	期中人口	經濟成長	平均每人 GDP	平均每人 GNI	平均每人所得
	人	%	元	元	元
105年	**23,515,945**	**2.17**	**746,526**	**765,711**	**650,854**
I	23,494,444	-0.09	183,756	192,174	162,832
II	23,502,588	1.69	181,155	186,620	157,784
III	23,513,940	3.00	186,819	187,688	159,941
IV	23,529,667	3.92	194,796	199,229	170,297
106年	**23,555,522**	**3.31**	**763,445**	**782,437**	**667,945**
I	23,542,748	3.24	187,098	194,828	166,487
II	23,549,075	2.64	182,844	187,248	159,072
III	23,554,969	3.61	193,411	191,256	163,366
IV	23,564,347	3.71	200,092	209,105	179,020
107年(r)	**23,580,080**	**2.79**	**779,260**	**796,852**	**677,201**
I(r)	23,571,609	3.41	190,824	200,490	169,523
II(r)	23,573,132	3.42	190,128	193,545	163,348
III(r)	23,575,881	2.29	194,996	192,926	164,958
IV(r)	23,583,210	2.12	203,312	209,891	179,372
108年(r)	**23,596,027**	**2.96**	**802,361**	**822,553**	**691,579**
I(r)	23,589,062	1.88	194,238	202,442	168,926
II(r)	23,590,112	2.87	195,672	202,026	169,326
III(r)	23,592,407	3.33	202,375	201,815	170,420
IV(r)	23,598,452	3.69	210,076	216,270	182,907
109年(f)	**23,591,895**	**2.54**	**833,354**	**860,185**	**721,630**
I(r)	23,599,807	2.51	197,956	205,565	170,211
II(r)	23,590,158	0.35	198,829	204,654	169,749
III(p)	23,576,101	3.92	215,072	220,494	185,646
IV(f)	23,601,512	3.28	221,497	229,472	196,024
110年(f)	**23,604,912**	**3.83**	**865,090**	**887,246**	**748,515**
I(f)	23,603,289	5.08	208,063	215,887	180,680
II(f)	23,603,996	5.86	209,280	214,190	180,109
III(f)	23,605,214	2.12	219,938	221,826	187,067
IV(f)	23,607,150	2.55	227,809	235,343	200,659

資料來源：行政院主計總處（2020/11/27更新）

圖 4-10 ｜需要保留的資料欄位

時間軸上也不需要用到每季數值，只要保留每年的總計數值就足夠。擷取出需要的資料後，重新整理為簡潔的表格。（圖 4-11）

國民所得統計資料（105年-110年）

年份 (民國)	期中人口 (人)	經濟成長 (%)	平均每人GDP (元)	平均每人GNI (元)	平均每人NI (元)
105	23,515,945	2.17	746,526	765,711	650,854
106	23,555,522	3.31	763,445	782,437	667,945
107	23,580,080	2.79	779,260	796,852	677,201
108	23,596,027	2.96	802,361	822,553	691,579
109(F)	23,591,895	2.54	833,354	869,185	721,630
110(F)	23,604,912	3.83	865,090	887,246	748,515

資料來源：行政院主計總處（2020/11/27更新）

圖 4-11 ｜ 截取必要資料重新整理後的表格

　　如果只是自己或內部討論使用，其實這樣的表格已經足夠。但是作為正式報告的內容，我們希望能展現出更多專業形象與視覺感；目前的表格就像是剛蓋好的毛胚屋，只完成了初步的房屋架構與基本隔間，外牆及屋內的牆面及地板都沒有任何裝飾。

　　接下來我們要做的，就是幫這間毛胚屋（表格）做好裝潢（視覺美化）來提升機能性與視覺上的專業性與質感。

聰明對策 2：利用視覺法則來提升表格的專業性與質感，並且讓關鍵訊息凸顯出來

▌Step1：劃分資訊的層次感

　　一張表格上的資訊，主要可以分為標題、圖表、資料來源三個層次。（見圖 4-12）

① 放大標題、縮小資料來源的字型大小

② 將表格內的數值單位簡化，將「人」與「元」調整為「千人」與「千元」

③ 加上資料欄位的備註說明，降低專業術語的理解門檻

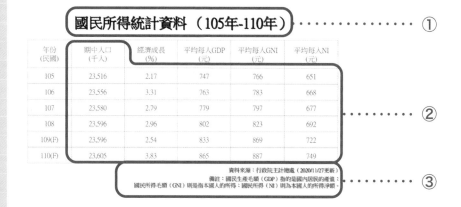

圖 4-12 │提升表格視覺化成效的第一步，是劃分資訊的層次感

特別要提到的，是在表格加入備註說明。有時候我們在整理資料時，往往會忽略了這張表格可能會被使用在其他地方，而受眾未必都具備相關的專業知識；所以，習慣會對表格中使用到的專有名詞或縮寫，在備註加上補充說明。

對受眾閱讀的貼心，也是一種專業感的表現。

▎Step2：確認版面的結構性

一般來說，表格的版面排列模式，不外乎就是「置中」或「左右」的排版模式。

在這裡採用的是「置中」的排版模式，如果需要加上文字說明，可以考慮放置在表格上方（避免與下方備註文字造成混淆），或是調整為「左右」的排

版模式，但會壓縮到表格的空間與字型大小；在使用上可以斟酌考量哪一種的表現方式比較合適。（見圖 4-13）

國民所得統計資料 （105年-110年）

年份 (民國)	期中人口 (千人)	經濟成長 (%)	平均每人 GDP (元)	平均每人 GNI (元)	平均每人NI (元)
105	23,516	2.17	747	766	651
106	23,556	3.31	763	783	668
107	23,580	2.79	779	797	677
108	23,596	2.96	802	823	692
109(F)	23,596	2.54	833	869	722
110(F)	23,605	3.83	865	887	749

說明文字

資料來源：行政院主計總處（2020/11/27更新）
備註：國民生產毛額（GDP）指的是國內居民的產值；
國民所得毛額（GNI）則是指本國人的所得；
國民所得（NI）則為本國人的所得淨額。

圖 4-13 │ 提升表格視覺化成效的第二步，是確認版面的結構性

▌Step3：提升整體的視覺化

對於表格來說，這個步驟反而是最關鍵、也是最多細節可以調整的。

- **對齊**：將表頭的欄位名稱與表格內的數值採用置中對齊（一般會將數值置右對齊、文字置左對齊；但這裡數值的位數相同，所以採用置中對齊）。

- **對比**：標題用粗體藍色字型、放大字體；表頭的欄位名稱用粗體字型、淺藍色背景；資料來源與備註說明則用淺灰色字型、縮小字體來減少視覺上的干擾。此外，加粗表頭欄位、表格頭尾的水平框線，淡化中間的水平框線；垂直框線也是同樣的做法，淡化右邊三個同質性欄位的垂直框線。

- **留白**：畫面四周留白、表格兩側的垂直框線也保持空白，這是提升表格質感的小技巧。

- **一致**：表格內的寬度盡可能維持一致；字型統一改為屬於無襯線的黑體字，便於閱讀。

調整後，可以得到一張既專業、又有質感的視覺化表格，這是許多國際大型企業或市調研究機構常用的做法。（見圖 4-14）

國民所得統計資料 （105年-110年）

年份 (民國)	期中人口 (千人)	經濟成長 (%)	平均每人GDP (元)	平均每人GNI (元)	平均每人NI (元)
105	23,516	2.17	747	766	651
106	23,556	3.31	763	783	668
107	23,580	2.79	779	797	677
108	23,596	2.96	802	823	692
109(F)	23,596	2.54	833	869	722
110(F)	23,605	3.83	865	887	749

資料來源：行政院主計總處（2020/11/27更新）
備註：國民生產毛額（GDP）指的是國內居民的產值；
國民所得毛額（GNI）則是指本國人的所得；國民所得（NI）則為本國人的所得淨額。

圖 4-14 ｜提升表格視覺化成效的第三步，是提升整體的視覺化

在這個案例中，我們甚至可以將所有的垂直框線都保持空白。

這是因為當表格內的資料都對齊時，就會產生一條隱形的垂直框線，這時候即使沒有表格的垂直框線，也不影響表格內容的閱讀。（見圖 4-15）

國民所得統計資料 （105年-110年）

年份 (民國)	期中人口 (千人)	經濟成長 (%)	平均每人GDP (元)	平均每人GNI (元)	平均每人NI (元)
105	23,516	2.17	747	766	651
106	23,556	3.31	763	783	668
107	23,580	2.79	779	797	677
108	23,596	2.96	802	823	692
109(F)	23,596	2.54	833	869	722
110(F)	23,605	3.83	865	887	749

資料來源：行政院主計總處（2020/11/27更新）
備註：國民生產毛額（GDP）指的是國內居民的產值；
國民所得毛額（GNI）則是指本國人的所得；國民所得（NI）則為本國人的所得淨額。

圖 4-15 │ 運用視覺法則中的「對齊」原則，可以省略所有的垂直框線

 案例重點提醒

1. 製作表格之前，先確認哪些資料是必要保留的？

2. 表格呈現的重點在於數據與資料上，而不是框線。

3. 視覺法則中的「視覺化」對於提升表格專業性與質感，是最關鍵的一個步驟。

案例 22

如何在一個畫面中，處理表格太多、太亂的困擾？

畫面中只有一張表格，是相對容易處理的情況，只要依循前一個案例的做法即可。但如果是兩張、三張，甚至多達五張的表格，要塞進同一個畫面，又該怎麼做才不會顯得雜亂呢？

電訪行銷公司的小蔡，就遇到了這樣的困擾。

他是一位企畫專員，負責將電訪的問卷調查結果，整理成統計數據的報告，提供給公司的客戶。如果你也曾經做過問卷調查，應該知道在問卷結果中有一項相當重要的基本統計，就是受訪者輪廓；比方說，下圖是小蔡整理過的一份受訪者輪廓報告。（見圖 4-16）

受訪者輪廓

性別	2018	2019
男	43.5%	42.1%
女	56.5%	57.9%

受訪者地區分布	2018	2019
北部	58.3%	51.2%
中部	24.9%	27.8%
南部	8.1%	13.1%
其他	8.7%	7.9%

職稱	2018	2019
總裁 / 執行長 / 總經理	7.3%	2.7%
行銷總監 / 經理	43.8%	44.3%
內容總監	6.4%	4.4%
集團品牌長	21.8%	33.0%
電商總監 / 數位經理	6.4%	6.1%
溝通總監	2.0%	1.7%
通路營運總監	6.4%	2.7%
其他	6.0%	5.1%

平均年資	2018	2019
現職稱謂	4.77	4.64
現職公司	5.96	5.45

職務級別	2018	2019
總監級別或以上	66.2%	51.4%
非總監級別	33.8%	46.8%

圖 4-16 ｜受訪者輪廓的統計結果

小蔡說，原本是想用水平並列的方式來呈現這些表格的，但實在擠不下；而且這樣畫面下方的空間也無法有效利用。嗯，他的確挺聰明的，想到用拼湊的方式來進行版面的配置。

那麼，你覺得如何呢？如果是你，會採用什麼樣的方式來呈現？

假使你覺得這張圖表做得並不好，我建議你在往下閱讀之前，可以先思考一下自己會如何改善這張圖表的呈現方式。如果你覺得這張圖很棒了，我想告訴你，其實你還可以讓它更好！

怎麼做？一種方式，就是運用視覺法則中的「對齊」就能快速提升整體的質感。（見圖 4-17）

受訪者輪廓

性別	2018	2019
男	43.5%	42.1%
女	56.5%	57.9%

職稱	2018	2019
總裁 / 執行長 / 總經理	7.3%	2.7%
行銷總監 / 經理	43.8%	44.3%
內容總監	6.4%	4.4%
集團品牌長	21.8%	33.0%
電商總監 / 數位經理	6.4%	6.1%
溝通總監	2.0%	1.7%
通路營運總監	6.4%	2.7%
其他	6.0%	5.1%

受訪者地區分布	2018	2019
北部	58.3%	51.2%
中部	24.9%	27.8%
南部	8.1%	13.1%
其他	8.7%	7.9%

平均年資	2018	2019
現職稱謂	4.77	4.64
現職公司	5.96	5.45

職務級別	2018	2019
總監級別或以上	66.2%	51.4%
非總監級別	33.8%	46.8%

圖 4-17 ｜運用「對齊」來提升整體視覺上的質感

將左右、上下兩側的表格分別調整為一致的寬度，就能讓畫面呈現出井然有序的視覺感，這就是「對齊」的威力。（見圖 4-18）

受訪者輪廓

單位：百分比

性別	2018	2019
男	43.5	42.1
女	56.5	57.9

受訪者地區分布	2018	2019
北部	58.3	51.2
中部	24.9	27.8
南部	8.1	13.1
其他	8.7	7.9

職稱	2018	2019
總裁 / 執行長 / 總經理	7.3	2.7
行銷總監 / 經理	43.8	44.3
內容總監	6.4	4.4
集團品牌長	21.8	33.0
電商總監 / 數位經理	6.4	6.1
溝通總監	2.0	1.7
通路營運總監	6.4	2.7
其他	6.0	5.1

平均年資	2018	2019
現職稱謂	4.77	4.64
現職公司	5.96	5.45

職務級別	2018	2019
總監級別或以上	66.2	51.4
非總監級別	33.8	46.8

圖 4-18 ｜利用「對齊」調整後的畫面，呈現出井然有序的視覺感

　　這裡我還用了一個小技巧，那就是將表格中的百分比符號都拿掉，統一在右上方註明單位，可以讓訊息傳遞更簡潔。如果單位符號重複大量的出現，就可以將單位「提取」出來，這也是表格視覺化常應用的技巧之一。

　　如果你覺得這樣就夠了，那麼我要告訴你：現在才要開始呢！

　　呈現出專業感的祕訣，就在於掌握細節。不知道你有沒有注意到，雖然「表格外」的框線是上下左右標齊對正的，但是「表格內」的框線並沒有對齊；這就是我們要進一步調整的地方。

聰明對策 1：重新整理資料呈現的結構，用一張大表格收納所有的表格

　　要讓所有的表格，從裡到外都盡可能地對齊，可以想像有一張大表格，將這些表格都納入其中。先在畫面上繪製出一個 7×11 的表格，然後將各個表格的資料填入對應的位置中。（見圖 4-19）

受訪者輪廓

單位：百分比

性別	2018	2019	受訪者地區分布	2018	2019
男	43.5	42.1	北部	58.3	51.2
女	56.5	57.9	中部	24.9	27.8
			南部	8.1	13.1
職稱	2018	2019	其他	8.7	7.9
總裁 / 執行長 / 總經理	7.3	2.7			
行銷總監 / 經理	43.8	44.3	平均年資	2018	2019
內容總監	6.4	4.4	現職稱謂	4.77	4.64
集團品牌長	21.8	33.0	現職公司	5.96	5.45
電商總監 / 數位經理	6.4	6.1			
溝通總監	2.0	1.7	職務級別	2018	2019
通路營運總監	6.4	2.7	總監級別或以上	66.2	51.4
其他	6.0	5.1	非總監級別	33.8	46.8

圖 4-19 ｜ 用一張大表格，將所有表格納入其中

　　如此一來，就可確保所有的表格，不論是表格外、表格內，都可以做到對齊。

聰明對策 2：利用視覺法則來提升整體的視覺化

接下來，就是調整細節。幫每一張小表格強調頭尾的水平框線、將表頭用紫紅色背景區隔，還有藉由表格內資料的對齊，我們可以消除所有的垂直框線，讓畫面保持簡潔，得到一張專業、有質感的整合性表格。（見圖 4-20）

受訪者輪廓

單位：百分比

性別	2018	2019
男	43.5	42.1
女	56.5	57.9

受訪者地區分布	2018	2019
北部	58.3	51.2
中部	24.9	27.8
南部	8.1	13.1
其他	8.7	7.9

職稱	2018	2019
總裁 / 執行長 / 總經理	7.3	2.7
行銷總監 / 經理	43.8	44.3
內容總監	6.4	4.4
集團品牌長	21.8	33.0
電商總監 / 數位經理	6.4	6.1
溝通總監	2.0	1.7
通路營運總監	6.4	2.7
其他	6.0	5.1

平均年資	2018	2019
現職稱謂	4.77	4.64
現職公司	5.96	5.45

職務級別	2018	2019
總監級別或以上	66.2	51.4
非總監級別	33.8	46.8

圖 4-20 │ 運用視覺法則調整後的表格，更能展現出專業性與質感

有時候，我們不見得都能做出這樣的版面配置。比方說，左方的表格沒有這麼多列、或是右方的表格少了一列，怎麼辦？比起將其中一側的表格拉長對齊，我建議保留下方的空白會是更好的選擇。（見圖 4-21）

受訪者輪廓

單位：百分比

性別	2018	2019
男	43.5	42.1
女	56.5	57.9

職稱	2018	2019
總裁 / 執行長 / 總經理	7.3	2.7
行銷總監 / 經理	43.8	44.3
內容總監	6.4	4.4
集團品牌長	21.8	33.0
電商總監 / 數位經理	6.4	6.1
通路營運總監	6.4	2.7
其他	6.0	5.1

受訪者地區分布	2018	2019
北部	58.3	51.2
中部	24.9	27.8
南部	8.1	13.1
其他	8.7	7.9

平均年資	2018	2019
現職稱謂	4.77	4.64
現職公司	5.96	5.45

職務級別	2018	2019
總監級別或以上	66.2	51.4
非總監級別	33.8	46.8

圖 4-21 ｜讓下方保持空白，可以讓整體影響降到最小

案例重點提醒

1. 多張表格放在同一個畫面時，可以用一張大表格納入這些表格。

2. 視覺化的重點在於「對齊」以及去除不必要的框線。

案例 23

除了文字與數值，表格還有哪些視覺化方式？

表格只能用文字和數值來呈現嗎？那倒未必。

其實，圖像、圖示或幾何圖案，也可以拿來用在表格，提升表格整體的視覺變化，令視覺更豐富。

聰明對策 1：用圖像、圖示或幾何圖案來豐富表格整體的視覺性

舉例來說，我在《我用模組化撿到，解決 99.9％的工作難題》用了一張表格來整理三大類、九種邏輯框架，其中運用了圓角矩形的幾何圖案，來標示不同的邏輯框架中有哪些組成元素。（見圖 4-22）

類型	框架	框架元素	使用時機	突顯焦點
時間	Period 期間	過去 現在 未來	趨勢變化、分段說明	變化
	Phase 階段	短期 中期 長期	策略規劃、時程佈局	布局
	Step 步驟	步驟一 步驟二 步驟三	流程計劃、步驟說明	順序
空間	Scale 規模	大 ⟶ 小	產業研究、市場分析	聚焦
	Far 距離	遠 ⟶ 近	地域比較	局部
情境	WHW 主題	目的 關聯 效益	掌握全貌、建立關聯	關聯、效益
	PREP 議題	論點 理由 實例 重申	價值主張、提出訴求	論點、實例
	SCQA 問題	情境 衝擊 課題 對策	強調影響、問題解決	影響、課題
	STAR 課題	背景 任務 活動 成果	達標難度、成果價值	目標、成果

圖 4-22 ｜用幾何圖案來提升表格的視覺效果

在2021年初，我也利用表格結合圖像的方式，整理出2020年的閱讀書單。（見圖 4-23）比起單純的文字表格將書名陳列，是不是更富有視覺上的吸睛效果呢？

圖 4-23 │ 在表格中加入圖像，來增加視覺上的吸睛度

 案例重點提醒

1. 運用圖像、圖示或幾何圖案，來取代文字或數值，增加視覺上的豐富度。

如果要在圖表裡強調比例大小與變化，比方說：

- 公司員工的學歷比例、性別比例
- 一項產品的成本組成比例
- 問卷調查中各項問題不同選項的回答比例
- 銷售收入中不同產品的銷售比例

應該用什麼圖表來呈現比較好呢？解決這個問題的聰明
對策有兩個：

- 聰明對策 1：強調比例大小與變化的圖表選擇，就採用
  「點」類型的圖表。
- 聰明對策 2：運用視覺法則提升圖表的視覺化效果。

聰明對策 1：強調比例大小與變化的圖表選擇，就採用「點」類型的圖表

根據「點線面」法則，這是屬於展現資料之間的規模的
比較，可以使用圓餅圖、長條圖、雷達圖等類型的圖表。（見
圖 4-24）

圓餅圖　　　　　長條圖　　　　　雷達圖

圖 4-24 ｜適合「強調比例大小與變化」的圖表類型

　　項目少、或是比例相差懸殊時，採用圓餅圖是最有效的方式。比方說，說明公司某項產品的銷售金額超過整體銷售的八成、或是擁有碩、博士學歷的員工比例高達七成之類的訊息，我們就可以運用圓餅圖來呈現。但是項目過多，或是所有項目的比例都不超過 10 ～ 15％時，就不適合採用圓餅圖。

　　除了圓餅圖，採用長條圖也是另一個不錯的選擇。不過，這裡使用的是以百分比堆疊方式來呈現的長條圖；如果有多組資料要進行比較，長條圖會比圓餅圖更為適合。

　　一般情況下，我會建議優先考量使用圓餅圖與長條圖。

智慧型手機最新一季的全球市場占有率

　　阿文是一家手機半導體元件廠的行銷專員，每一季他都需要整理全球手機市場的趨勢與重要資訊，作為公司在規劃客戶策略時的參考。

　　這次，阿文按照慣例蒐集了市調機構的報告，整理出全球前十大智慧型手機品牌的市場占有率排名與變化；同時按照我告訴他的視覺化原則，製作出一張既專業、又有質感的表格。（見圖 4-25）

Top 10 Smartphone Market Share and Growth 2020Q3

Ranking	Vendor	Shipment (Million)		Share (%)		Growth (%)	
		2019Q3	2020Q3	2019Q3	2020Q3	YoY	QoQ
1	Samsung	78.2	79.8	20.6	21.8	2	47
2	Huawei	66.8	50.9	17.6	13.9	(24)	(7)
3	Xiaomi	31.7	46.2	8.3	12.6	46	75
4	Apple	44.8	41.7	11.8	11.4	(7)	11
5	Oppo	32.3	31.0	8.5	8.5	(4)	26
6	Vivo	31.3	31.0	8.2	8.5	(1)	38
7	Realme	10.2	14.8	2.7	4.0	45	132
8	Lenovo	10.0	10.2	2.6	2.8	2	37
9	LG	7.2	6.5	1.9	1.8	(11)	25
10	Tecno	5.5	5.6	1.4	1.5	2	33
	Others	62.0	48.0	16.3	13.1	(23)	43
Total		380.0	365.6	100.0	100.0	(4)	32

Source: IDC, Dec. 2020

圖 4-25 ｜全球前十大智慧型手機品牌市場占有率變化

　　可是，阿文還有一個煩惱。

　　使用表格雖然可以揭露完整的數據，但是在說明時總是不夠直覺；主管也建議阿文可以將表格中的數據製作圖表，作為訊息傳達的輔助。但是，到底該使用什麼圖表比較適合呢？

　　在聽完阿文的問題之後，我請他先思考兩個問題：

① 在這張表格中，包含了哪些訊息？

② 那麼，又希望透過圖表傳達什麼訊息？

「欸？不是將資料畫成圖表就好了嗎？」阿文訝異地問我。

當然不是。不同的訊息，有不同的圖表適合來傳達。舉例來說：

- 說明十大品牌市場占有率的比例，可以使用圓餅圖、長條圖
- 強調十大品牌市場占有率與去年同期的變化，可以使用斜線圖

聰明對策 1：根據傳遞的訊息，選擇合適的圖表類型

　　阿文告訴我，他希望呈現的是最新一季智慧型手機品牌的主要大廠有哪些？以及他們的市占率？所以使用圓餅圖或長條圖是合適的。

　　我建議他可以都做做看，再來考慮哪一種圖表能更好地傳達這些訊息。（見圖 4-26、圖 4-27）

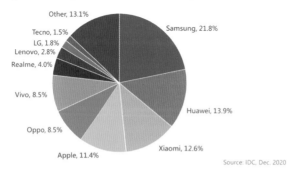

Top10 Smartphone Market Share, 2020Q3

Source: IDC, Dec. 2020

圖 4-26 ｜以圓餅圖來呈現十大品牌的市場占有率

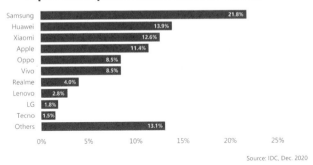

Top10 Smartphone Market Share, 2020Q3

Samsung	21.8%
Huawei	13.9%
Xiaomi	12.6%
Apple	11.4%
Oppo	8.5%
Vivo	8.5%
Realme	4.0%
Lenovo	2.8%
LG	1.8%
Tecno	1.5%
Others	13.1%

Source: IDC, Dec. 2020

圖 4-27 | 以長條圖來呈現十大品牌的市場占有率

從這兩張圖表來看，以長條圖來呈現「十大智慧型手機品牌的市場占有率」這樣的訊息更為清楚，而且為了讓品牌名稱更好閱讀，這裡採用了橫向的長條圖、而不是一般直向的長條圖；同時也能避免為了區隔不同品牌而使得顏色過多的缺點。

相較之下，以圓餅圖呈現就需要花點時間來解讀了。這是因為太多雜訊干擾了關鍵訊息的傳遞。如果我們還是想使用圓餅圖來呈現資訊，有沒有什麼好方法來改善呢？

當然有。不過，我們得從原始資料來著手。

聰明對策 2：減少資料維度，運用視覺法則來凸顯重要訊息

當項目過多時，使用圓餅圖就愈不容易辨識出個別訊息。

一個有效的改善方式，就是減少圓餅圖中項目的數量。

從一開始的表格中，我們發現前六大品牌的市場占有率就占了近八成，而且後續品牌的市場占有率也相對較低；所以，可以在圖表中只顯示前六大品牌的資訊即可。（見圖 4-28）

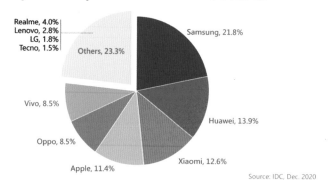

Top10 Smartphone Market Share, 2020Q3

Realme, 4.0%
Lenovo, 2.8%
LG, 1.8%
Tecno, 1.5%
Others, 23.3%
Samsung, 21.8%
Vivo, 8.5%
Huawei, 13.9%
Oppo, 8.5%
Apple, 11.4%
Xiaomi, 12.6%

Source: IDC, Dec. 2020

圖 4-28 ｜ 改善後的圓餅圖，讓訊息傳達更清晰

除了合併不重要的資訊之外，我也在圖表中運用視覺法則做了幾項調整：

- 用品牌標誌（logo）的顏色來代表，提升品牌辨識度
- 讓最後的「Others」區塊獨立出來，並且標示被合併的品牌資訊

如此一來，就可以讓圓餅圖發揮它的作用。

 案例重點提醒

1. 強調比例大小與變化，採用圓餅圖或長條圖；使用哪一種圖表較好，實際畫了才知道。

2. 使用圓餅圖時，可以藉由合併項目來提升圖表成效。

 **案例 25**

智慧型手機的全球市場占有率版圖變化

　　延續上一個案例，如果阿文想呈現的不只是最新一季的市場占有率，而是與去年同期進行比較，又該用什麼圖表來呈現比較好呢？

　　同樣以兩個聰明對策來解決這個問題：

- 聰明對策 1：展現資料之間的規模比較，就採用「點」類型的圖表。
- 聰明對策 2：運用視覺法則來提升圖表的視覺效果。

聰明對策 1：比較資料的規模，可採用「點」類型的圖表

　　同樣可以用圓餅圖與長條圖來呈現。（見圖 4-29、圖 4-30）

Top10 Smartphone Market Share, 2019Q3 vs. 2020Q3

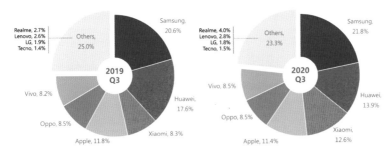

圖 4-29 ｜以圓餅圖呈現與去年同期的市場占有率比較

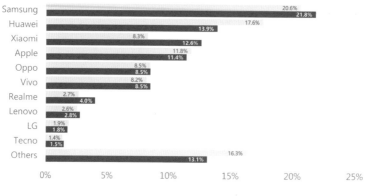

Top10 Smartphone Market Share, 2019Q3 vs. 2020Q3

Samsung	20.6% / 21.8%
Huawei	17.6% / 13.9%
Xiaomi	8.3% / 12.6%
Apple	11.8% / 11.4%
Oppo	8.5% / 8.5%
Vivo	8.2% / 8.5%
Realme	2.7% / 4.0%
Lenovo	2.6% / 2.8%
LG	1.9% / 1.8%
Tecno	1.4% / 1.5%
Others	16.3% / 13.1%

Source: IDC, Dec. 2020

圖 4-30 │ 以長條圖呈現與去年同期的市場占有率比較

從上面兩張圖表中可以看出一些訊息：

- Samsung、Xiaomi 的銷量市占率顯著提升，特別是 Xiaomi
- Huawei 的銷量市占率大幅下滑
- 其餘品牌的銷量市占率變化不大

聰明對策 2：運用視覺法則來提升圖表的視覺效果

如果希望讓訊息更清楚的被看見，可以運用視覺法則來凸顯重點、弱化次要資訊。（見圖 4-31）

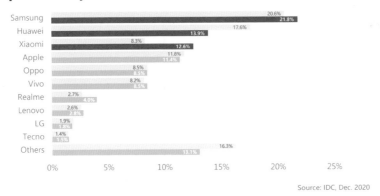

圖 4-31 ｜ 弱化次要資訊，來凸顯希望傳達的重點

▌除了這些，我們還能怎麼呈現？

有時候，我們需要對圖表中的品牌分別說明一些訊息，可以這樣做。（見圖 4-32）

圖 4-32 ｜ 拆分爲多張圖表，各自說明的做法

阿文從圖表中發現，主要的市占率變化發生在前四大品牌上，也進一步分析造成變化的原因，希望將這些資訊呈現在圖表中。我們可以將前四大品牌的數據，各自畫成圓環圖（圓餅圖的一種變形，在視覺上能呈現更多設計感）來展現這一季與去年同期的市占率比較；然後在圖表的下方，說明各自要傳達的訊息。

　　這樣的方式，也是許多分析報告中常使用的做法，可以讓訊息傳達能更聚焦在對應的圖表上。

 案例重點提醒

1. 呈現變化比較時，可以透過視覺法則來凸顯重點、弱化次要資訊。

2. 當一張圖表中有太多訊息要傳達時，不妨嘗試拆分為多張圖表。

展現市場商機與定位，該用什麼圖表來呈現？

>>> 從散布圖表現資訊分布

適用於找定位   # 找出大小分布

對於企業的行銷或是業務單位，常需要分析市場狀況來確認自家產品或服務的表現，作為資源分配的依據，或是找到未來成長的機會。通常需要透過一些衡量指標來量化，比方說：市場成長率、市場占有率、市場規模、銷售成長率、銷售週期等。

使用圖表來呈現，不僅是為了更快從數據中找出重要的資訊或洞見，同時也是為了在討論與報告中，發揮重點聚焦與增進理解的作用。但是，該使用哪種圖表？又該如何讓資訊或洞見可以一目了然呢？

解決這些問題的聰明對策有兩個：

* 聰明對策 1：找出作為泡泡圖三個維度的衡量指標。
* 聰明對策 2：運用視覺法則來凸顯圖表中的重要訊息。

實務上，我們會使用散布圖或泡泡圖來呈現出資料在這些衡量指標上的相對定位，便於我們採取下一步的判斷。

舉例來說，利用銷售成長率、銷售毛利率作為散布圖的兩個維度，展現自家產品的表現定位；或是再加上銷售金額作為第三個維度，繪製成泡泡圖。（見圖 4-33）

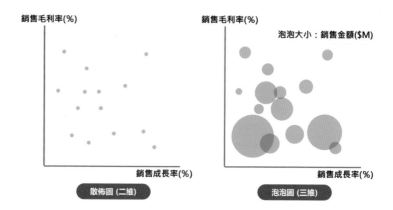

圖 4-33 ｜利用散布圖、泡泡圖來展現定位

　　如果從散布圖的結果來看，可能會認為愈是偏向右上方的產品是表現較好的；但加入銷售金額的維度繪製為泡泡圖之後，我們會得到完全不同的訊息。比方說，在畫面下方的兩個銷售金額較高（泡泡較大的）的產品，對於整體金額貢獻是相對較大的，不能被忽視；那麼，有沒有可能提升這些產品的銷售毛利率呢？

　　從泡泡圖來看市場商機與定位，我們可以發現更多訊息。但是，如何利用泡泡圖表現出簡潔易懂的資訊？甚至是加上一些判斷結論與建議呢？

　　接下來，我會用兩個案例來說明如何做到。

案例 26

運用 RFM 模型來展現客戶價值、做好分眾行銷

在客戶關係管理（CRM，Customer Relationship Management）中，有一個著名的 RFM 模型用來將客戶價值量化，進一步將客戶分組或分群，作為分眾行銷或營運的基準。

傳統做法大都以二維表格或矩陣來呈現，但在解讀判斷上不夠直覺，還得讀者自己從表格中判讀資訊，找重點。（圖 4-34）

| No. | 最近一次購買月份 | 累計購買次數 | 累計購買金額(萬元) | R | F | M | By Median | | | 組別 |
							R-level	F-level	M-level	
1	2017.06	50	80	12	50	80	1	2	2	4
2	2018.02	20	40	4	20	40	2	2	2	8
3	2018.03	20	100	3	20	100	2	2	2	8
4	2017.11	6	25	7	6	25	1	1	1	1
5	2017.12	15	15	6	15	15	2	2	1	7
6	2017.09	10	200	9	10	200	1	2	2	4
7	2018.02	1	5	4	1	5	2	1	1	5
8	2018.03	5	45	3	5	45	2	1	2	6
9	2018.02	4	20	4	4	20	2	1	1	5
10	2017.07	3	8	11	3	8	1	1	1	1
11	2017.01	10	300	17	10	300	1	2	2	4
12	2017.02	1	1	16	1	1	1	1	1	1
13	2018.02	2	15	4	2	15	2	1	1	5
14	2017.08	8	80	10	8	80	1	1	2	2
15	2017.10	15	30	8	15	30	1	2	1	3

分析時間點：2018.06

圖 4-34 ｜以二維表格呈現 RFM 模型分組的結果

在這張表格中，從客戶數據中萃取出「最近一次銷售日期」（Recency）、「銷售頻率」（Frequency）與「銷售金額」（Monetary）之後，分別以中位數為基準點分為兩個級別，產生八種組合，最後將所有客戶歸類到這八組之中。

但是，表格的形式的確不易解讀，也很難辨識不同客戶在 RFM 模型中的相對定位；我們希望可以用視覺化的方式呈現出客戶在三個維度上的變化。這時候，泡泡圖就是一種最合適的選擇，一方面是可以呈現出三個維度的資訊，另一方面也是展現定位時最常被使用的圖表類型（見圖 4-35）

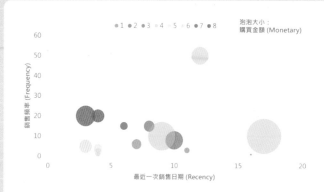

圖 4-35 │ 以泡泡圖來呈現客戶 RFM 模型的相對定位

　　當客戶數愈多，分組之後採用泡泡圖呈現可以簡化資訊解讀的困難度，我們在營運或行銷上的策略與行動，可以先將所有客戶區分為八組之後，再依據各組別客戶的重要性與價值性，來分配資源與精力的投入，自然會更有效率。

　　另一個好處，以圖表呈現後更容易看出這些組別的相對定位關係，再藉由專家的分析技巧與經驗判讀來對原始客戶的分組結果進行調整。這部分就牽涉到進階的客戶價值數據分析技巧，在這裡就不多加描述。舉例來說，在圖表上根據數據分布的狀況，專家們在進行數據分析與解讀後，針對客戶的分組結果做出了調整。（見圖 4-36）

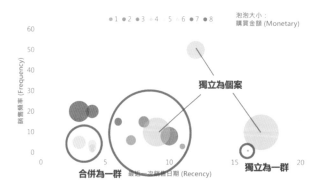

圖 4-36 │ 以視覺化圖表方式提供初步判度，再藉由專家意見來修正調整分組結果

將可以合併為一組的客戶購買金額調成相同的顏色，在經過重新調整後的分組結果，可以引導讀者依據視覺的相近原則將視覺重心移到想讓他們關注的地方，也更方便後續當作決策參考的參考依據。（見圖 4-37）

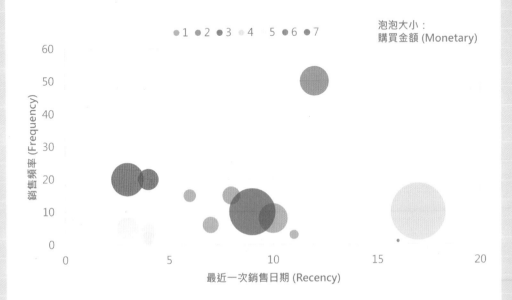

圖 4-37 ｜依照相近原則調整的分組，是不是更容易判讀資料？

 案例重點提醒

1. 運用泡泡圖來呈現 RFM 模型時，以 M 作為泡泡大小。

2. 先以數據結果來繪製泡泡圖，再根據視覺化結果來修正調整分組結果。

半導體產業如何從產品應用找出市場成長機會與動能

　　過去我在擔任策略行銷期間，需要定期分析市場趨勢以找出未來的成長機會與動能。

　　通常會結合外部的市調機構資料與內部的銷售與預估資料，來確認不同產品應用的市場規模、成長機會與相對定位；這時候我就會使用泡泡圖作為視覺化呈現的圖表。

聰明對策 1：運用泡泡圖來展現市場成長機會與動能

　　為了畫出圖表，需完成兩件事，並整理出資料表格。（見圖 4-38）

① 決定泡泡圖的維度：市場占有率、市場成長率，以及市場規模大小。

② 蒐集泡泡圖所需要的維度資料。

Application	Company Biz Plan (US$M)				Global TAM (US$M)					Market Share (%)			
	Y01	Y02	Y03	Y04	Y01	Y02	Y03	Y04	CAGR	Y01	Y02	Y03	Y04
System													
DT	30				102	90	82	75	(9.7%)	29%			
NB	36				105	96	105	115	3.1%	34%			
Server	13				24	22	23	23	(1.4%)	53%			
Storage													
HDD	8				123	119	121	124	0.3%	6%			
ODD	59				90	85	84	82	(3.1%)	65%			
Peripherals	43	46	52	56	135	143	148	156	4.9%	32%	32%	35%	36%
STB	35	48	52	58	238	230	225	215	(3.3%)	15%	21%	23%	27%
TV	68	37	33	28	95	75	65	55	(16.7%)	72%	49%	50%	50%
Game	14	14	14	13	47	47	45	42	(3.7%)	29%	29%	30%	32%
Imaging	20	24	36	43	95	112	135	143	14.6%	21%	22%	27%	30%
Audio	6	7	11	13	39	36	43	47	6.4%	15%	20%	25%	28%
Video	21	21	24	24	88	60	62	60	(12.0%)	24%	35%	38%	40%
Enterprise	2	2	18	33	105	167	184	207	25.4%	2%	1%	10%	16%
Wired	71	72	85	99	170	202	224	248	13.4%	42%	35%	38%	40%
Connectivity	40	38	51	59	95	125	145	165	20.2%	42%	31%	35%	36%
Handset	19	87	268	348	2,725	2,423	2,024	1,749	(13.7%)	1%	4%	13%	20%
Automotive	3	15	40	68	325	334	335	341	1.6%	1%	5%	12%	20%
Industrial	12	19	26	38	136	145	147	150	3.3%	9%	13%	18%	25%
Total	509	584	878	1,064	4,758	4,534	4,225	4,030		11%	13%	21%	26%

備註：此為假造模擬資料

圖 4-38　製作泡泡圖所準備的資料表格

這是根據當年度的銷售數據，結合市調機構的未來三年預估值所整理出來的銷售預估計劃。我用第一年（Y01）的市場占有率、未來三年的複合年成長率（CAGR）以及市場規模大小，繪製出一張泡泡圖，呈現出不同產品應用的市場定位，試圖找出未來的成長機會。（見圖 4-39）

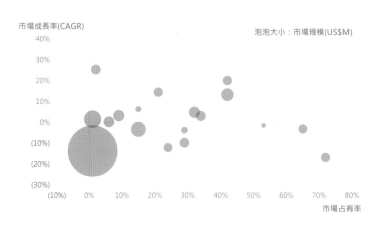

圖 4-39 │ 以泡泡圖呈現產品應用的市場定位

為了讓這張圖表的訊息傳達更明確，我需要在圖表上加上關鍵訊息與視覺化。

聰明對策 2：運用視覺法則，加入色塊與文字標示出不同區域的行動方針、輔助說明

根據內部會議討論的結果，認為按照市場占有率將這張圖表上的區域劃分為三塊，分別給予不同的策略規劃建議；同時，也在圖表上標示出產品應用名稱，在閱讀上更為直覺易懂。（見圖 4-40）

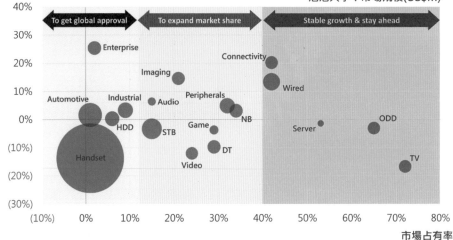

市場成長率(CAGR)

泡泡大小：市場規模(US$M)

To get global approval　　To expand market share　　Stable growth & stay ahead

市場占有率

圖 4-40 │ 經過視覺法則的調整讓訊息傳達更爲明確

 案例重點提醒

1. 運用泡泡圖來呈現市場定位時，可利用色塊來切割區域來顯示不同意義。

2. 先繪製圖表，然後再附加文字標籤或說明。

在問卷中常出現一種問題，那就是「前／後」（Before
／ After）的變化比較，舉例來說：

- 今年與去年相比，員工在各項指標的滿意度表現有什麼不同？

- 在實施某項改善方案前後，民眾對於施政滿意度的變化？

- 消費者在逛大賣場時，影響購物意願的因素在這兩年有什麼變化？

像這類的資訊，應該用什麼圖表來呈現呢？

一般來說，可以用表格、成對的圓餅圖或是長條圖來呈現；但如果想要特別凸顯某些項目有不一樣的變化趨勢，我建議你可以使用斜線圖。

斜線圖，是一種成對資料展現的圖表，可以同時展現出三種資訊：

① 資料「點」的訊息，展現出個別數值

② 連接「線」的斜率，展現出改變幅度

③ 整體「面」的變化，展現出表現趨勢

不論是問卷調查、滿意度表現的改變，或是品牌／商品市占率的消長、改善前後的數值變化等，使用斜線圖可以更直覺地展現出整體趨勢、個別變化，以及異常表現的項目。

我們會使用到兩個聰明對策：

- 聰明對策 1：成對資料展現的圖表選擇，就採用「線」類型中的斜線圖。
- 聰明對策 2：運用視覺法則來提升整體的視覺效果。

接著，我會用兩個案例讓你更清楚，如何運用斜線圖傳達一目了然的視覺化資訊。

案例 28

消費者購物態度調查，什麼是消費者購物時最重視的因素？

　　一家賣場百貨想要了解消費者的購物態度，於是設計了一份問卷，隨機挑選前來購物的消費者進行調查，希望藉此找出持續改善的方向，以提升消費者的購物意願與體驗。

　　市場行銷人員將問卷結果整理成了一張表格。（見圖 4-41）

消費者購物態度變化

有幾個關於購物態度的問題。一般而言，請問您是否同意以下的敘述		2016		2017	
		百分比	排名	百分比	排名
購物計畫	即使事先計畫購物清單，實際購物時我通常會多買額外的商品	65%	9	67%	7
	我經常在日常生活用品購買前預先計畫我要買的東西	72%	5	64%	9
	買日常生活用品時，我會嚴格遵守我的購物清單	49%	12	47%	13
價格	我嚴格地控制我在日常生活用方面的預算並只買我所需要的東西	68%	8	65%	8
	我注重產品品質並且願意為了產品品質付較高價格	59%	11	61%	10
	我通常會比較商店自有品牌與領導品牌的價格來決定是否值得購買	42%	15	47%	14
	我願意為了省時間付較高價格	41%	16	44%	15
	我會為了買到較便宜的商品花很多心力	45%	13	43%	16
店內環境	我偏好在陳列整齊、氣氛愉快的商店購物	86%	1	87%	1
	顧客服務對我來說很重要	82%	2	82%	2
	我很享受購買日常生活用品的過程	75%	4	76%	4
	我喜歡在店內慢慢瀏覽每一區的商品	70%	7	70%	5
促銷	日常生活用品的傳單和優惠券對我來說很重要	71%	6	68%	6
	我會利用優惠、促銷來囤積日常生活用品	44%	14	51%	12
福利	我認為購買對環境有益的商品是很重要的	78%	3	80%	3
	我會為了買到對健康有益的商品花很多心力	62%	10	55%	11

Source: 針對1,027位受訪者進行問卷調查結果

圖 4-41 ｜ 消費者購物態度的問卷調查結果

行銷人員將這張表格增加了視覺化的元素，好讓行銷主管更容易理解。
（見圖 4-42）

消費者購物態度變化

		(%) 2017	2017	2016
購物計畫	即使事先計畫購物清單，實際購物時我通常會多買額外的商品	67 ▲	7	9
	我經常在日常生活用品購物前預先計畫我要買的東西	64 ▼	9	5
	買日常生活用品時，我會嚴格遵守我的購物清單	47 ▼	13	12
價格	我嚴格地控制我在日常生活用品方面的預算並只買我所需要的東西	65	8	8
	我注重產品品質並且願意為了產品品質付較高價格	61 ▲	10	11
	我通常會比較商店自有品牌與領導品牌的價格來決定是否值得購買	47	14	15
	我願意為了省時間付較高價格	44 ▲	15	16
	我會為了買到較便宜的商品花很多心力	43 ▼	16	13
店內環境	我偏好在陳列整齊、氣氛愉快的商店購物	87 ▲	1	1
	顧客服務對我來說很重要	82	2	2
	我很享受購買日常生活用品的過程	76	4	4
	我喜歡在店內慢慢瀏覽每一區的商品	70	5	7
促銷	日常生活用品的傳單和優惠券對我來說很重要	68	6	6
	我會利用優惠、促銷來囤積日常生活用品	51	12	14
福利	我認為購買對環境有益的商品是很重要的	80 ▲	3	3
	我會為了買到對健康有益的商品花很多心力	55	11	10

Source: 針對1,027位受訪者進行問卷調查結果

圖 4-42 │ 透過視覺化來降低理解門檻

結果主管反映，這張圖表還是不夠直覺。到底出了什麼問題呢？我們可以從幾個角度來思考這張圖表希望傳達的訊息以及成效：

① 希望傳達的是百分比、還是重要度排名？假如要呈現的是「消費者更重視的項目」是基於排名的變化，而不是百分比的實際數據；那麼即使拿掉了分數，也不影響訊息的傳遞。

② 排名變化的順序，比項目的分類更為重要。將資訊排列的順序，從項目分類調整為排名變化會更符合閱讀上的需要。

聰明對策 1：運用斜線圖來展現排名變化的表現

成對資料比較的圖表選擇，我建議採用斜線圖來呈現。（見圖 4-43）

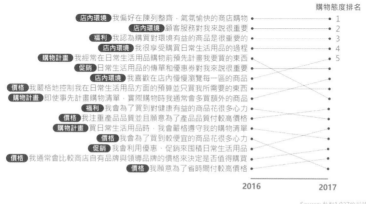

圖 4-43 ｜採用斜線圖作為問卷結果前後變化的呈現方式

聰明對策 2：運用視覺法則來凸顯關鍵訊息

為了凸顯「最受重視的項目維持不變」以及「某些項目相對不那麼受重視了」，我們可以利用視覺法則來凸顯希望讓主管優先看到的關鍵訊息，弱化其餘相對不重要的資訊。（見圖 4-44）

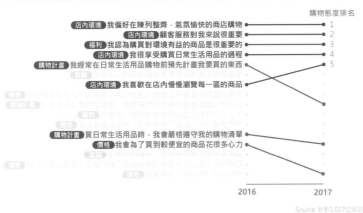

店內環境仍為消費者最為重視的因素，但對於計劃性與便宜價格的要求相對不是那麼重視

購物態度排名

店內環境 我偏好在陳列整齊，氣氛愉快的商店購物 ● — 1
店內環境 顧客服務對我來說很重要 ● — 2
福利 我認為購買對環境有益的商品是很重要的 ● — 3
店內環境 我很享受購買日常生活用品的過程 ● — 4
購物計畫 我經常在日常生活用品購物前預先計畫我要買的東西 ● — 5
店內環境 我喜歡在店內慢慢瀏覽每一區的商品 ●

購物計畫 買日常生活用品時，我會嚴格遵守我的購物清單 ●
價格 我會為了買到較便宜的商品花很多心力 ●

2016　　　　　　2017

Source: 針對1,027位受訪者進行問卷調查結果

圖 4-44 ｜運用視覺法則來凸顯關鍵訊息、弱化不重要的資訊

　　在圖表中，我們以藍色來呈現消費者「更為重視的」五大因素，以紅色來呈現「相對較為不重視的」的五大因素，其餘因素則是以淺色呈現來減少視覺干擾。

　　此外，將項目分類標示在每一項重視因素的前面，作為輔助資訊。同時，將想要傳達的關鍵訊息直接寫在標題上，確保主管能準確接收到。

 案例重點提醒

1. 相同資料、不同時間點的前後變化，採用斜線圖可以看出整體趨勢、個別變化。

2. 運用視覺法則來凸顯希望傳達的重要訊息、弱化其他的資訊作為輔助訊息。

全球手機銷售量在最新一季發生了什麼變化？

國際知名調研機構馬基特公司（IHS Markit），每一季都會發布智慧型手機市場的銷售量報告。根據一份 2019 年第三季所公布的數據顯示，蘋果公司（Apple）的市占率明顯下化，從全球第三跌落至第四名，而超越的正是中國品牌 Oppo。

同時，中國品牌的手機銷售量市占率也從第一季的 42%，提升至第二季的 49%。（見圖 4-45）

全球智慧型手機銷售量統計表

Rank	OEM	Q2'19		Q1'19		Q2'18		QoQ	YoY
		Shipment	M/S	Shipment	M/S	Shipment	M/S		
1	Samsung	75.1	23%	71	22%	70.8	21%	6%	6%
2	Huawei	58.7	18%	59.1	18%	54.2	16%	-1%	8%
3	Oppo	36.2	11%	25.2	8%	31.9	9%	43%	13%
4	Apple	35.3	11%	43.8	13%	41.3	12%	-19%	-15%
5	Xiaomi	31.9	10%	27.5	8%	32.1	9%	16%	0%
6	vivo	28.4	9%	24.3	7%	28.6	8%	17%	-1%
7	LG	8.9	3%	8.6	3%	11.2	3%	3%	-21%
8	Motorola	8.3	3%	8.5	3%	10	3%	-2%	-17%
9	Tecno	3.9	1%	3.8	1%	4	1%	1%	-4%
10	TCL-Alcatel	3.8	1%	3.5	1%	3.2	1%	8%	16%
	Others	40.8	12%	51.7	16%	56.2	16%	-21%	-27%
	Total	331.2	100%	327	100%	343.5	100%	1%	-4%

Source: IHS Market, Aug. 2019

圖 4-45 ｜ 全球智慧型手機銷售量統計表

對於經驗老到的分析人員來說，從上面這張圖表中就可以輕易解讀出相關的訊息。

但是，你看的出來嗎？如果我們希望讓任何人都可以從圖表中，接收到這

些重要的訊息，應該怎麼做比較好？你可能會想到用圓餅圖來呈現市占率的比較，但是效果我想不會比表格好上多少。

這是因為當項目超過五個時，我們對於差異的辨別能力也跟著下降；更何況，這些項目的變化差異不大，在視覺上也不容易比較。（見圖 4-46）

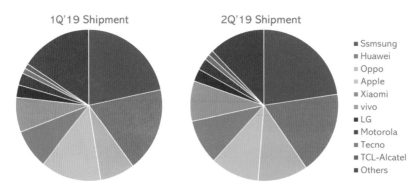

全球智慧型手機銷售量市占率

1Q'19 Shipment　　　2Q'19 Shipment

- Ssmsung
- Huawei
- Oppo
- Apple
- Xiaomi
- vivo
- LG
- Motorola
- Tecno
- TCL-Alcatel
- Others

Source: IHS Market, Aug. 2019

圖 4-46 ｜ 以圓餅圖來比較不同季度的市占率變化

聰明對策：減少呈現的資訊項目、使用斜線圖來凸顯個別變化

為了減少呈現的資訊項目，我們合併全球第六名之後的數據歸類為「其他」（Others）。

根據八二法則，而前六大品牌的銷售量占了近八成，足以代表整體市場的表現。接著以斜線圖來呈現整合後的資料，可以清楚地看到蘋果公司的市占率明顯的下滑，而且被 Oppo 超越。（見圖 4-47）

蘋果智慧型手機銷售量, 跌落全球第四

Rank	OEM	Shipment		M/S%	
		1Q'19	2Q'19	1Q'19	2Q'19
1	Samsung	71.0	75.1	22%	23%
2	Huawei	59.1	58.7	18%	18%
3	Oppo	25.2	36.2	8%	11%
4	Apple	43.8	35.3	13%	11%
5	Xiaomi	27.5	31.9	8%	10%
6	Vivo	24.3	28.4	7%	9%
	Others	76.1	65.6	23%	20%
	Total	327.0	331.2	100%	100%

Source: IHS Market, Aug. 2019

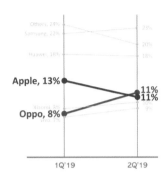

圖 4-47 │ 將合併後的資料，以斜線圖來呈現個別的異常表現

　　我們也可以試著從另一個角度來出發，將中國品牌、韓國品牌的銷售量進行合併，同樣以斜線圖來呈現「中國品牌的銷售量市占率明顯大幅提升」的訊息。（見圖 4-48）

中國品牌占全球智慧型手機近半銷售量

Rank	OEM	Shipment		M/S%	
		1Q'19	2Q'19	1Q'19	2Q'19
1	China brands • Huawei • Oppo • Xiaomi • vivo	136.1	155.2	42%	49%
2	Korea brands • Samsung • LG	79.6	84.0	24%	25%
3	Apple	43.8	35.3	13%	11%
	Others	67.5	56.7	21%	17%
	Total	327.0	331.2	100%	100%

Source: IHS Market, Aug. 2019

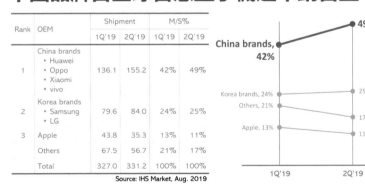

圖 4-48 │ 將中國品牌的資料合併，並以斜線圖來呈現

透過資料合併的方式，就可以讓斜線圖展現出不同的訊息。

 案例重點提醒

1. 見樹還是見林？要呈現的是整體的趨勢、還是局部的變化？

2. 能不能透過資料的合併，來讓訊息更容易被傳達？

多個年度的競爭排名與變化趨勢，如何整合？

16

難題

利用熱區表格和「線」類型折線圖呈現變化趨勢

想列出排名時

在不同產業都可以看到競爭排名變化的資訊，像是全球最有價值百大品牌排行榜、台灣製造業營收前十大排名、台灣 Youtuber 訂閱數排名等。

像這樣的資訊，一般會製作成表格來呈現。舉例來說，權威品牌經營諮詢公司《Interbrand》在 2020 年發表的「2020 年全球最佳百大品牌」榜單，也是以表格形式呈現。（見圖 4-49）

圖 4-49 ｜ 2020 年全球最佳百大品牌榜單 Top10

Best Global Brands 2020 Rankings

2020 Rank	Brand	Sector	Change in Brand Value	Brand Value
1	Apple	Technology	+38%	322,999 $m
2	Amazon	Technology	+60%	200,667 $m
3	Microsoft	Technology	+53%	166,001 $m
4	Google	Technology	-1%	165,444 $m
5	Samsung	Technology	+2%	62,289 $m
6	Coca-Cola	Beverages	-10%	56,894 $m
7	Toyota	Automotive	-8%	51,595 $m
8	Mercedes-Benz	Automotive	-3%	49,268 $m
9	McDonald's	Restaurants	-6%	42,816 $m
10	Disney	Media	-8%	40,773 $m

Source: Interbrand, Oct. 2020

如果要將這樣的資料畫成圖表，有兩種選擇：

想要呈現品牌價值的排名比較，可以選擇「面」類型的圖表，像是長條圖、圓餅圖。

想要呈現品牌價值與年度變化，可以選擇「線」類型的圖表，像是折線圖、斜線圖。

但是，如果我們希望看出過去五年的排名變化趨勢，該如何整合這些資料？又應該用什麼樣的視覺化方式來呈現會比較合適？常見的方式仍是以表格來呈現，比方說在下面這張圖表，就是我將過去五年的品牌價值排名數據整合出來的結果。（見圖 4-50）

Best Global Brands 2020 Rankings

2020 Rank	2016	2017	2018	2019	2020
1	Apple	Apple	Apple	Apple	Apple
2	Google	Google	Google	Google	Amazon
3	Coca-Cola	Microsoft	Amazon	Amazon	Microsoft
4	Microsoft	Coca-Cola	Microsoft	Microsoft	Google
5	Toyota	Amazon	Coca-Cola	Coca-Cola	Samsung
6	IBM	Samsung	Samsung	Samsung	Coca-Cola
7	Samsung	Toyota	Toyota	Toyota	Toyota
8	Amazon	Facebook	Mercedes-Benz	Mercedes-Benz	Mercedes-Benz
9	Mercedes-Benz	Mercedes-Benz	Facebook	McDonald's	McDonald's
10	GE	IBM	McDonald's	Disney	Disney

Source: Interbrand, Oct. 2020

圖 4-50 ｜ 2016-2020 全球最佳百大品牌 Top10 排名變化

你能告訴我，在這張圖表中看出了什麼特別的訊息嗎？比方說，我發現了以下的資訊：

- Apple 總是維持品牌價值第一的排名。
- Amazon 是這幾年品牌價值排名爬升最快的。
- Coca-Cola 的品牌價值排名不斷被超越。

當然，我們還可以從這張圖表中看出更多資訊，只不過我想要傳達的是上面三個訊息。但目前的呈現方式，不容易看出我想傳達的這些訊息，有沒有更好的視覺化方式可以看出這些變化？

當然有，我有三個聰明對策可以讓這些資訊一目了然：

- 聰明對策 1：使用熱點表格來展現出競爭排名與趨勢變化。
- 聰明對策 2：多個時間點的趨勢變化，使用「線」類型的折線圖。
- 聰明對策 3：運用視覺法則來提升整體的視覺效果。

聰明對策 1：使用熱區表格來展現出排名的變化趨勢

使用表格來呈現競爭排名，是一種常見的方式；但缺點就是不容易看出變化趨勢。解決這個問題最簡單的方式，就是採用聰明對策一，在表格中加入顏色標示來凸顯趨勢的變化，這種呈現方式就稱為熱區表格。（見圖 4-51）

排名	2016	2017	2018	2019	2020
1	A	A	C	C	B
2	B	C	A	B	C
3	C	D	B	A	D
4	D	B	E	D	E
5	E	E	D	A	A
6	F	F	F	F	F

排名	2016	2017	2018	2019	2020
1	A	A	C	C	B
2	B	C	A	B	C
3	C	D	B	A	D
4	D	B	E	D	E
5	E	E	D	A	A
6	F	F	F	F	F

一般表格   **熱區表格**

圖 4-51 │ 以熱區表格展現競爭排名與趨勢變化

　　我們將熱點表格套用到先前的「2016-2020 全球最佳百大品牌 Top10 排名變化」圖表中，就可以清楚地看出我想傳達的三個訊息：（見圖 4-52）

① Apple 總是維持品牌價值第一的排名。

② Amazon 是這幾年品牌價值排名爬升最快的。

③ Coca-Cola 的品牌價值排名不斷被超越。

Best Global Brands 2020 Rankings

2020 Rank	2016	2017	2018	2019	2020
1	Apple	Apple	Apple	Apple	Apple
2	Google	Google	Google	Google	Amazon
3	Coca-Cola	Microsoft	Amazon	Amazon	Microsoft
4	Microsoft	Coca-Cola	Microsoft	Microsoft	Google
5	Toyota	Amazon	Coca-Cola	Coca-Cola	Samsung
6	IBM	Samsung	Samsung	Samsung	Coca-Cola
7	Samsung	Toyota	Toyota	Toyota	Toyota
8	Amazon	Facebook	Mercedes-Benz	Mercedes-Benz	Mercedes-Benz
9	Mercedes-Benz	Mercedes-Benz	Facebook	McDonald's	McDonald's
10	GE	IBM	McDonald's	Disney	Disney

Source: Interbrand, Oct. 2020

圖 4-52 │ 以熱區表格來凸顯排名變化的趨勢

不知道你有沒注意到，這裡我還使用了視覺法則來強化訊息的傳達效果，包括：

- 用品牌識別色來凸顯 Apple、Amazon 與 Coca-Cola 的變化趨勢，並以灰色字體弱化其他品牌的視覺效果。
- 淡化表格中，除了表頭以外的橫向格線。

聰明對策 2：使用折線圖來展現多個時間點的趨勢變化

既然是「變化」的展現，當然是採用「線」類型的圖表，像是斜線圖、折線圖。只不過，斜線圖適用於兩個時間點之間的變化，如果要表現多個時間點的趨勢變化則是使用折線圖，而且可以在圖表上多加一些視覺元素，讓趨勢變化更容易被看出來。

比方說，可以放大折線的標記，並且使用色彩來區隔不同對象、同時標上名稱，由顏色的變化來展現出變化的趨勢，這都屬於視覺法則的運用。（見圖 4-53）

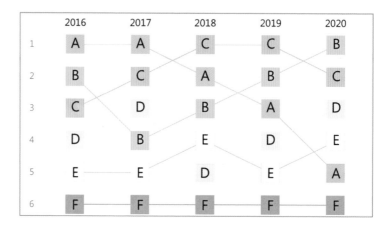

圖 4-53 │ 以視覺法則來強調折線圖上的變化趨勢

　　另一種折線圖的變化是將每一條折線加粗、同時調整為平滑線後,在視覺上看起來像是河流改道的效果,也挺吸睛的。(見圖 4-54)

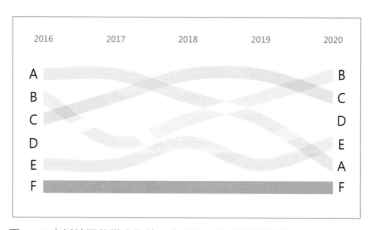

圖 4-54 │ 折線圖的變化作法,在視覺上更具吸睛效果

上市櫃金控公司的獲利排名變化

在許多產業中，都會有所謂的公司排名榜單，可能是公司市值、銷售市占率或是品牌價值等等；在下圖中，整合了 2010 ～ 2018 年上市櫃金控獲利的排名統計表（見圖 4-55）。

上市櫃金控獲利排名

排名	2010	2011	2012	2013	2014	2015	2016	2017	2018
1	富邦金	富邦金	富邦金	富邦金	富邦金	富邦金	富邦金	富邦金	國泰金
2	兆豐金	中信金	兆豐金	國泰金	國泰金	國泰金	國泰金	國泰金	富邦金
3	中信金	兆豐金	中信金	兆豐金	中信金	中信金	兆豐金	中信金	中信金
4	日盛金	元大金	國泰金	台新金	兆豐金	兆豐金	玉山金	兆豐金	兆豐金
5	台新金	台新金	玉山金	中信金	元大金	第一金	第一金	玉山金	元大金
6	第一金	華南金	台新金	玉山金	玉山金	華南金	中信金	第一金	第一金
7	玉山金	國泰金	第一金	永豐金	第一金	合庫金	華南金	元大金	玉山金
8	元大金	第一金	新光金	新光金	永豐金	台新金	元大金	合庫金	合庫金
9	國票金	玉山金	永豐金	第一金	華南金	玉山金	合庫金	台新金	華南金
10	華南金	日盛金	合庫金	華南金	合庫金	國票金	台新金	新光金	台新金

資料來源：公開資訊觀測站

圖 4-55 │ 2010 ～ 2018 年上市櫃金控獲利排名

像這樣的呈現方式，只能看出每年的獲利排名，但不容易看出長期的排名變化趨勢。

如果我們希望既能看到每年的排名，還要同時呈現出長期的排名變化，可以採用前面提到的聰明對策。

聰明對策 1：使用熱區表格來展現出排名的變化趨勢

　　熱區表格的製作，就是在表格中用各家金控公司的企業識別色當成對應表格的背景色，同時弱化前四名以外的資訊，讓視覺焦點可以放在前四名的公司上。（見圖 4-56）

上市櫃金控獲利排名

排名	2010	2011	2012	2013	2014	2015	2016	2017	2018
1	富邦金	富邦金	富邦金	富邦金	富邦金	富邦金	富邦金	富邦金	國泰金
2	兆豐金	中信金	兆豐金	國泰金	國泰金	國泰金	國泰金	國泰金	富邦金
3	中信金	兆豐金	中信金	兆豐金	中信金	中信金	兆豐金	中信金	中信金
4	日盛金	元大金	國泰金	台新金	兆豐金	兆豐金	玉山金	兆豐金	兆豐金
5	台新金	台新金	玉山金	中信金	元大金	第一金	第一金	玉山金	元大金
6	第一金	華南金	台新金	玉山金	玉山金	華南金	中信金	第一金	第一金
7	玉山金	國泰金	第一金	永豐金	第一金	合庫金	華南金	元大金	玉山金
8	元大金	第一金	新光金	新光金	永豐金	台新金	元大金	合庫金	合庫金
9	國票金	玉山金	永豐金	第一金	華南金	玉山金	合庫金	台新金	華南金
10	華南金	日盛金	合庫金	華南金	合庫金	國票金	台新金	新光金	台新金

資料來源：公開資訊觀測站

圖 4-56 │ 以熱區表格來呈現獲利排名與變化趨勢

聰明對策 2：採用折線圖來呈現變化趨勢；加上標記，讓排名變化一目了然

　　除了熱區表格之外，也可以利用折線圖加上標記的方式，呈現出排名變化的路徑。（見圖 4-57）

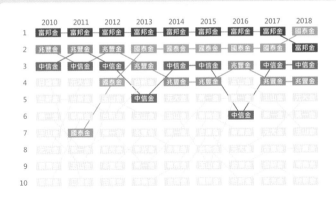

圖 4-57 │利用折線圖加上標記的方式

　　雖然我刻意弱化了前四名以外的資訊，但還是能看出圖表下方的訊息很混亂。主要是因為排名變化的幅度相當大，名單項目也有所變換，使得這些彼此交錯的折線已經失去了判讀意義了；一種改善方式就是移除這些折線，只保留標記的部分。（見圖 4-58）

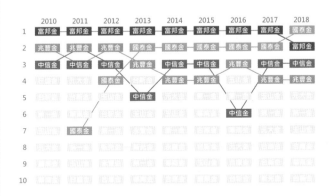

圖 4-58 │移除沒有意義的折線，降低視覺上的干擾

　　當排名的選項有可能變化很大時，使用折線圖就會發生這種狀況，視覺效果也可能不如原本的熱區表格。接下來我們來看看折線圖的另一種變化。

聰明對策 3：採用折線圖來呈現變化趨勢；將折線加粗、調整為平滑線，展現出路徑變化

第二種做法，就是將前四名的公司改用較粗的平滑線條，其餘的則是採用灰色、較細的平滑線條來表示，看起來效果好多了。（見圖 4-59）

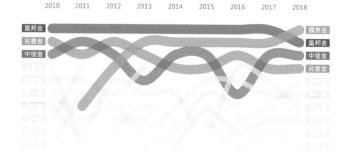

圖 4-59 | 改用較粗的平滑線條來展現出排名的路徑變化

從這張圖表中可以傳達出兩項訊息：

① 前四名的變化不大，國泰金在 2011 年崛起進入排名後就一路爬升直到第一。

② 前四名以外的排行名單變化幅度相當大。

 案例重點提醒

1. 排名項目過多、變化幅度太大時，使用熱區表格的效果會優於折線圖。

2. 凸顯局部變化使用折線圖、展現全貌變化使用熱區表格。

如果我們想要呈現出數據之間的各種增減變化，該怎麼做？

比方說，月初我有三萬元現金，到了月底有兩萬元現金。但是整個月我有各項支出、也有投資、薪資的收入，我該如何展現出這些現金增減的變化？再舉一例，企業員工每個月領到的薪酬與基本工資的差異，可能受到由加班費、勞健保、勞退基金、所得稅或分紅的影響，可以用什麼方式來呈現這些項目的變化？這時候，我的聰明對策就是：

- 聰明對策 1：呈現數據的增減變化，採用「面」類型圖表中的瀑布圖。
- 聰明對策 2：運用視覺法則來提升瀑布圖的視覺效果。

瀑布圖（Waterfall Plot）是用來展現一連串增加值或減少值，對於初始值的影響，以及到最終結果值之間的變化過程，是麥肯錫顧問公司所設計出來的圖表。一般可以用在表現財務的收支狀況、物流的庫存盤點，或是銷售的產品別貢獻等情況。（見圖 4-60）

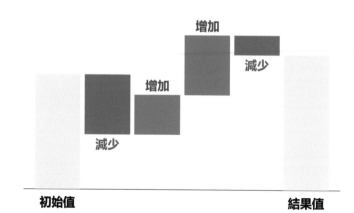

增加

減少

增加

減少

初始值　　　　　　　　　　　　　　　　　　　　結果值

圖 4-60 │ 瀑布圖可以展現兩個數值之間的增減變化

　　　相較於其他圖表只能呈現資料的淨值，使用瀑布圖可以展現出增減變化，一眼看出哪些環節是需要關注的重點。

案例 31

企業盈利能力分析

　　小雯是公司的財務部門新人，每個月都會整理盈利能力分析的報表。這次正好又到了半年結算的時間，她整理出上半年的報表交給了主管。（見圖4-61）

項目	Jan	Feb	Mar	Apr	May	Jun	1st Half
營業收入	5,000	4,500	4,800	5,200	5,500	5,800	30,800
營業成本	1,400	1,400	1,400	1,450	1,450	1,500	8,600
銷售費用	450	420	450	460	480	500	2,760
管理費用	700	700	700	700	700	700	4,200
財務費用	200	200	200	200	200	200	1,200
投資收益	280	150	300	250	400	380	1,760
營業利潤	2,530	1,930	2,350	2,640	3,070	3,280	15,800
營業外收入	840	700	750	500	600	800	4,190
營業外支出	500	450	500	800	1200	900	4,350
利潤總額	2,870	2,180	2,600	2,340	2,470	3,180	15,640
所得稅費用	870	640	780	870	1,000	1,100	5,260
淨利潤	2,000	1,540	1,820	1,470	1,470	2,080	10,380

圖 4-61 ｜ 上半年的盈利能力分析報表

　　主管看完後，拋出了一個問題。

　　「小雯，能不能想想，這樣的報表有機會做成視覺化圖表嗎？」

　　「嗯，請問要用什麼圖表？」

　　「妳聽過瀑布圖嗎？這份資料要用瀑布圖來呈現，妳可以上網查查。」

　　於是小雯找上了我，因為她曾經上過我的簡報課程。

聰明對策 1：利用軟體內建的瀑布圖，來呈現企業的盈利能力

我告訴她，如果妳們公司所使用的軟體是 Excel2016 以上版本或是 Microsoft365，那麼裡頭就有瀑布圖可以直接選擇，而且資料格式就使用妳現在準備的就可以；只不過正、負值的部分，必須標示清楚，否則軟體不會自己分辨。（見圖 4-62）

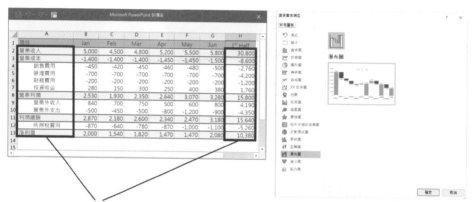

Excel2016 / Microsoft365以上版本有瀑布圖

圖 4-62 ｜ 在軟體中直接選擇瀑布圖類型

繪製完成的圖表，再利用視覺法則來優化圖表整體的視覺感。（見圖4-63）

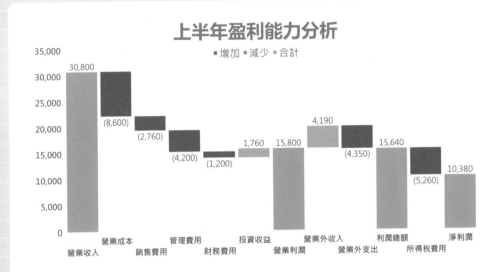

圖 4-63 │視覺優化後的瀑布圖

這樣的呈現方式，比起原本的報表是不是更一目了然？

「老師，這樣的確是方便，但是……我的版本是比較舊的，沒有瀑布圖的選項。」

小雯無奈地告訴我，心裡正愁著不知道該怎麼辦。

「沒關係！一樣可以做出瀑布圖的，只是資料表要進行一些處理。」

聰明對策 2：利用資料加工與長條圖做出瀑布圖

如果軟體沒有瀑布圖，我們一樣可以利用長條圖來製作，只不過必須先對資料進行一些處理。（見圖 4-64）

項目	1ˢᵗ Half
營業收入	30,800
營業成本	8,600
銷售費用	2,760
管理費用	4,200
財務費用	1,200
投資收益	1,760
營業利潤	15,800
營業外收入	4,190
營業外支出	4,350
利潤總額	15,640
所得稅費用	5,260
淨利潤	10,380

項目	基底	收入	支出
營業收入	0	30,800	
營業成本	22,200		8,600
銷售費用	19,440		2,760
管理費用	15,240		4,200
財務費用	14,040		1,200
投資收益	14,040	1,760	
營業利潤	15,800		
營業外收入	15,800	4,190	
營業外支出	15,640		4,350
利潤總額	15,640		
所得稅費用	10,380		5,260
淨利潤	10,380		

圖 4-64 ｜將資料處理為右邊表格的形式

然後利用處理後的資料，繪製堆疊長條圖。（見圖 4-65）

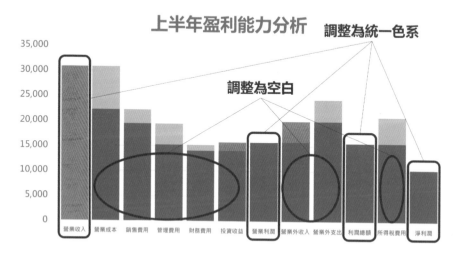

圖 4-65 ｜繪製堆疊長條圖

最後調整堆疊長條圖的顏色，讓它「看起來」像是瀑布圖。（見圖 4-66）

① 將「營業收入、營業利潤、利潤總額與淨利潤」四個長條的顏色調成灰色。

② 將對應收入、支出的長條顏色，分別調整為紅色、綠色，而下方堆疊的藍色長條部分調整為空白。

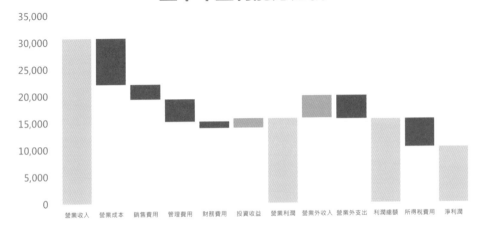

上半年盈利能力分析

圖 4-66 │ 調整長條顏色以符合瀑布圖的呈現

案例重點提醒

1. 利用軟體內建的瀑布圖時，記得資料的正、負值要調整正確。

2. 如果軟體沒有瀑布圖，則透過資料處理來繪製堆疊長條圖也能得到。

18 難題

一樣的數據，如何做出有高度、受肯定的圖表？

>>> 商業洞察令你的圖表展現價值

(# 適用於運用統計量)　(# 可用來做管理)

為什麼同樣的資料，別人畫出來的圖表就是和自己的不一樣？是圖表選擇的不對嗎？還是對方用了什麼技術呢？為什麼專業市調公司或研究機構做出來的圖表，看起來會更有說服力？

其實，問題可能不是出在圖表的選擇與美化上。而是他們在繪製圖表之前，就先處理了資料，將資料轉換成資訊或洞見，然後再畫成圖表，自然所展現出來的價值更高。舉例來說，在下面這張圖中有三張散布圖，你看出了有什麼不同嗎？（見圖 4-67）

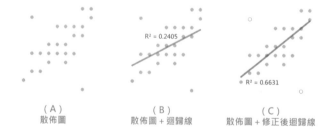

圖 4-67｜一樣的散布圖，傳達出不一樣的訊息

這三張散布圖都是用同樣的資料畫出來的，但是呈現出不同的訊息。

- 第一張圖（A）單純將資料畫成散布圖，我們看到了資料的分布狀況

254

- 第二張圖（B）加上了一條迴歸線，除了資料的分布，也看到了解釋資料分布的趨勢線
- 第三張圖（C）同樣是加上了一條迴歸線，但不同的是將左上、右下的偏離資料（bias data）排除在迴歸線的計算之外，做出來的結果也就更精準。（R2 的數值愈接近一，代表模型解釋力愈好）

對於依據這組資料做決策的人來說，毫無疑問地，第三張散布圖（C）所呈現的資訊更具參考價值，這是因為圖表被賦予更多維度的資訊。怎麼辦到的？

聰明對策：用統計方法，拓展圖表資訊的維度與價值

沒錯！就是用統計方法來增加資料呈現的視角，進而展現出不一樣的圖表資訊。說到統計，相信多數人都有不好的經驗，因為求學時期的統計課程需要搞懂許多複雜的理論與公式，如果要使用統計方法，還得懂得如何套用公式。

但是其實現在的圖表工具中都有內建統計工具，只要懂得如何使用，人人都可以運用簡單的統計方法來做出不一樣的圖表，展現出你的專業。以下兩個聰明對策：

- 聰明對策 1：用統計量拓展資料維度，讓圖表展現出截然不同的洞見。
- 聰明對策 2：用視覺化圖表來做數據的宏觀管理。

接下來，我會用二個案例告訴你，如何善用統計方法做出有高度、受肯定的圖表。

面對一組數據，如何拓展分析的維度與圖表展現？

阿奇是業務單位的資料分析人員，他的工作就是將銷售數據整理成報表，提供給業務同仁掌握業績的相關訊息。有一天，他拿著手上的一組數據問我，除了做成圖表之外，還有哪些方法可以展現出更多資訊？（見圖 4-68）

三款主推商品全年銷售金額

月份	A	B	C
1	280	320	500
2	280	260	440
3	330	300	520
4	310	350	680
5	240	320	380
6	420	370	680
7	400	360	900
8	450	400	740
9	460	400	700
10	280	320	420
11	260	220	360
12	320	280	440

圖 4-68 ｜一組銷售數據可以展現出哪些資訊？

說到圖表，你會想到哪些圖表可以用來呈現資訊？還記得前面提到的「點線面」法則嗎？

- 點：展現資料之間的關聯；這裡可以使用散布圖。
- 線：展現資料趨勢的變化；這裡可以使用折線圖。
- 面：展現資料規模的比較；可以使用長條圖、圓餅圖、雷達圖。

阿奇告訴我，這些他都知道啊，畫出來不就是這些圖表嗎？（見圖 4-69）

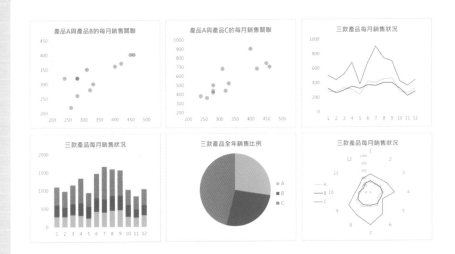

圖 4-69 │利用一組數據可以繪製出來的圖表類型

「除了這些，還能變出什麼花樣嗎？」阿奇疑惑著說。

當然有。我們可以運用統計方法「擴充」這組資料，就能看到不一樣的東西。當我說完這句話，我看到阿奇眼睛都亮了！

聰明對策 1：用統計方法，描述一組資料的九種統計量

為了讓阿奇明白如何運用統計方法，我用了一組數據來說明。（見圖4-70）

1, 3, 4, 4, 5, 5, 5, 5, 6, 6, 7, 7, 8, 9, 10, 11, 12, 15, 19, 100

你會如何描述這一組數據的樣貌？

圖 4-70 │如何描述一組數據的樣貌？

通常我們會使用統計量來描述一組數據的樣貌，常見的統計量像是：平均數、中位數與標準差，可能是大家比較耳熟能詳的。事實上，在進行數據分析時，我們還有許多統計量可以用來掌握一組數據的輪廓，我用一張圖讓你更清楚這些統計量之間的關聯性。（見圖 4-71）

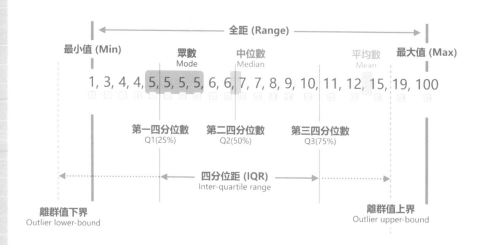

圖 4-71 │ 描述一組數據的常用統計量

常用的統計量有九種：平均數、中位數、眾數、標準化、變異數、變異係數、全距、四分位數、離群值。從圖中可以發現，平均數與中位數相差的非常大，這是因為資料中有「離群值」（Outlier）的存在，所以會使得平均數的計算產生偏差。

在新聞資料中常見到的國民薪資所得平均數，就會受到離群值（高薪所得）的影響而失真，所以會建議採用中位數搭配一起看，才能掌握數據真實的分布狀況。在利用數據來計算統計量時，如果能發現離群值的存在並排除在外，就能有效提高資料分析或圖表繪製的品質，呈現更多有價值的資訊。

舉例來說，如果我們將這一組數據中的離群值排除後重新計算，就能發現得出的統計量有所變化、也更具參考性。（見圖 4-72）

排除離群值後重新計算

統計量①			
平均數 (Mean) =	12.1	6.8	資料間的變異程度大幅下降，讓平均數變的更具參考性。
中位數 (Median) =	6.5	6.0	
眾數 (Mode) =	5.0	5.0	
標準差 (Standard deviation) =	21.1	3.5	
變異數 (Variance) =	446.3	12.1	
變異係數 (CV) =	175%	51%	

統計量②			
全距 (Range) =	99.0	14.0	
最小值 (Min) =	1.0	1.0	
最大值 (Max) =	100.0	15.0	
第一四分位數 (Q1) =	5.0	5.0	
第二四分位數 (Q2) =	6.5	6.0	
第三四分位數 (Q3) =	10.3	8.8	
四分位距 (IQR) =	5.3	3.8	
離群值下界 (Outlier lower-bound) =	-2.9	-0.6	排除離群值19與100之後，再次驗證已沒有離群值的存在。
離群值上界 (Outlier upper-bound) =	18.1	14.4	

圖 4-72 │ 排除離群值後的統計量計算

排除離群值後，你可以發現平均數與中位數相差不遠，資料的變異程度也大幅下降；這時候，我們使用平均數或其他統計量時，就能更穩健地描述資料真實的情況，同時也讓我們知道有哪些離群值應該要列為個案討論與處理。

接下來，讓我們回到阿奇的案例，來看看如何運用統計量來拓展資料的維度？

聰明對策 2：用統計量拓展資料維度，讓圖表展現出截然不同的洞見

前面所介紹的統計量，通常又稱為「敘述統計量」，是用來描述一組資料的樣貌；除了敘述統計量，還可以利用「趨勢統計量」來描述一組資料的變化趨勢。

我們要將一組對應的數據繪製成折線圖或長條圖來觀察趨勢變化時，常遇到的一個問題就是，單位不同所以無法畫在同一張圖表中，或者是規模差異太大，導致規模較小的數據被壓縮而看不出其中的趨勢變化。

比方說，在阿奇的資料中，產品 C 的規模較大，就使得另外兩個產品的趨勢變得不明顯。解決這個問題的聰明對策，就是使用趨勢統計量，像是移動平均、標準化與指數化等統計量。（見圖 4-73）

- **移動平均**：解決數據變化幅度過大的問題，找出長期趨勢。
- **標準化**：消除數據的單位差異，讓不同單位的數據也能一起比較趨勢變化。
- **指數化**：以平均數為基準，將數據轉化為對應平均數的比例百分比；作用與標準化一樣，可以消除單位的差異，放在一起比較趨勢變化。通常用在觀察銷售數據有無季節性趨勢的存在。

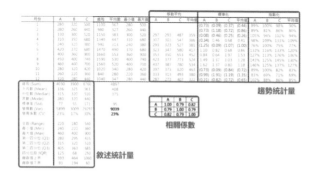

圖 4-73 ｜用統計量拓展資料的維度，展現更多資訊

在圖中，還有一個統計量是相關係數，用來確認兩組數據之間有無存在「線性」關聯性。實務上，相關係數大於 0.65，我們就可以說數據彼此間存在著線性相關；但是低於這個數值，只是表示沒有線性相關，不代表沒有其他的關聯性，所以還是要搭配圖表來確認實際的關聯性。

在這裡，三款產品之間的相關係數分別是 0.79 與 0.82，說明了彼此間的線性相關是很高的，代表這些產品在不同月份的銷售表現呈現出相似的變化比例。

我告訴阿奇，現在我們可以用這些數據做出更厲害的視覺化圖表了！（見圖 4-74）

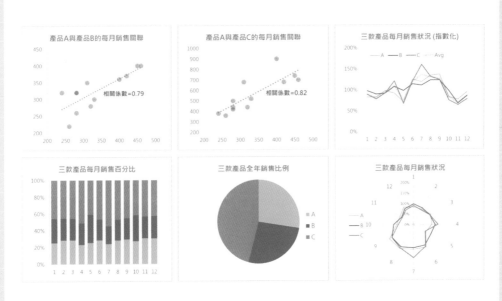

圖 4-74 ｜利用統計量做出不一樣的視覺化圖表

根據這些圖表，阿奇就可以提供更有價值的訊息給業務同仁了。

- 商品 C 貢獻了近半的銷售量，商品 A、B 比例差不多。

- 為了消除不同商品的銷售規模差異，將其指數化來進行比較，發現三項商品的月份變化趨勢沒有顯著不同。

- 整體來看，以五月與第四季偏低，但不確定是淡旺季效應、還是別的原因造成的？建議進一步澄清。

- 只有一年的資料，無法確認是否有代表性；可能需要過去三年的數據來做進一步的推論。

從一組資料可以看出更多訊息，同時也帶出了新的問題。當我們針對這些新問題蒐集資料，就可以進一步分析得到更多訊息，這就是實務上在做的商業數據洞察。

如果你學會了這些技巧，就能做出有高度、受肯定的視覺化圖表來傳達訊息。

 案例重點提醒

1. 利用統計量來拓展資料的維度，可以做出更多元化的圖表呈現。

2. 繪製與解讀圖表時，當心資料中有無離群值的存在，可能會影響訊息的判讀。

案例 33

一杯咖啡的啓示,如何用圖表做好咖啡門市的營收管理?

有一次,一位企業高管約我在星巴克討論一個數據分析的顧問案。

過程中,他問了我一個問題:什麼是商業數據的洞察?

這是一個有趣的問題。於是我出了一個題目,請他思考一下如何估算這一家星巴克一天的咖啡銷售金額?我知道這聽起來像是微軟或谷歌面試的考題,但這不是腦筋急轉彎,而是真實商業場景中每天都需要面對的問題:模擬估算。

如何定義問題?如何從環境中蒐集到數據來驗證、合理地回答這個問題,就是一種商業洞察。我在紙上畫下了粗略的算式與估算,一天可以賣出六萬左右的金額。(見圖 4-75)

如何估算一天的咖啡銷售金額?

一天咖啡銷售金額 = 一天賣出咖啡杯數 × 咖啡平均單價
　　　　　　　　　　　　　　　　　　　約略抓NT$100

（總時間 / 賣出一杯咖啡所需時間）× 咖啡機台
　　　　　　　從下單到完成一杯咖啡約3分鐘　一家門市約2～3台

營業時數 × 60分鐘　(15.5hrs×60min)/3min.percup=310cups
營業時間為15.5小時 (7:00-22:30)　310 cups × 2 machines = 620 cups

一天咖啡銷售金額 = 620杯 × 100元 = 62,000元

圖 4-75 │ 估算一天的咖啡銷售金額

先別急著否定這個估算與真實數據的差異有多大。

商業洞察的關鍵,是了解商業運作的組成結構,以及數據是怎麼得出來

的，然後去取得更精確的數據，來提升這個估算過程的品質，我們就能更接近真實的銷售金額。

我接著問這位高管，如果你是這家門市的店長，要如何管理營收呢？他回答說：用數據、看報表。

嗯，這是多數人會使用的做法，很合理。我又繼續追問，如果你負責的是信義區所有門市的營收呢？又會如何做管理？他想了一下，告訴我：還是用數據、看報表，不過會用圖表來輔助。從數據報表中太難看出所有訊息了！

沒錯，視覺化圖表在商業洞察上的最大作用，就是能更直觀的從大量數據中看出某些訊息！

聰明對策：用視覺化圖表來做數據的宏觀管理

我在紙上隨意畫了長條圖，假設這是信義區二十一家門市店的營收。思考討論的好處就是，我們不需要真實的數據也能進行。（見圖 4-76）

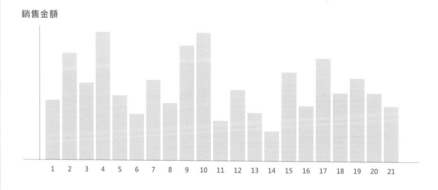

圖 4-76 ｜ 二十一家門市店的假想銷售金額

要如何對這些銷售金額判斷好或不好呢？好又是多好、不好又有多不好呢？跟設定的目標值比較，如果目標設定是合理的，那麼它就是一個最好的比較基準。

　　於是，我在這張圖表上又加上了銷售目標值。（見圖 4-77）

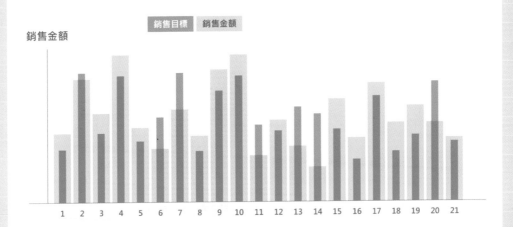

圖 4-77 ｜ 加上銷售目標值後的長條圖

　　我問這位高管說：現在我們可以做出銷售表現的判斷了嗎？

　　「嗯……有點難，我可能需要轉換為達標率，這樣圖表看起來會更直覺、更好判斷。」

　　很好！我按照他的建議，重新畫了一張圖表。這次，我改用折線圖來呈現達標率，同時也加上了一條合理達標率的區間，因為太高或太低的達標率都反映出異常情況，需要進一步澄清。太低表示執行上出了問題；太高也表示目標設定可能不合理，無法反映真實市場，也可能是發生了突發事件。（見圖 4-78）

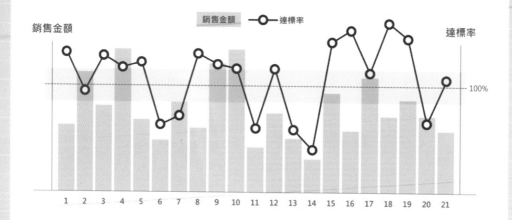

圖 4-78│重新調整後的圖表，讓訊息更好做判斷

高管看完我的畫的圖表後，突然有了新的想法。

「如果我想針對這些門市店，劃分不同的管理標準，又該怎麼做呢？

「這張圖表似乎無法做到這一件事……」

我說這是屬於定位的問題；說到定位，自然是泡泡圖登場的時候啦。於是我又畫了一張泡泡圖，同時根據高管的建議，加上了兩個銷售目標水準 A 與 B，作為不同的判斷基準。（見圖 4-79）

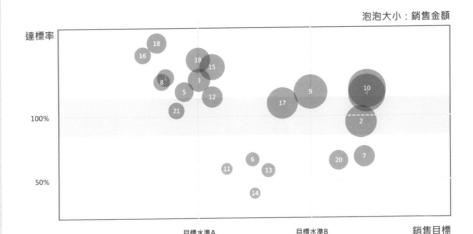

圖 4-79 ｜ 用泡泡圖呈現門市店的相對定位與多個比較基準

　　在這張圖上，我們將所有門市店區分出了三個區塊，代表了營運管理上的優先順序；然後在每一個區塊中，可以判斷達標狀況與實際銷售金額的表現。於是，我們在管理上可以有更細部的區別與對策建議，而不是對所有門市店的管理都一視同仁，或是一家、一家的仔細檢視了。

　　懂得運用視覺化圖表做好宏觀管理，是專業經理人必備的技能之一。

 案例重點提醒

1. 從管理問題來思考需要哪些資訊？再來選擇合適的圖表與資料。

2. 懂得運用視覺化圖表來做宏觀管理，快速發現問題或異常訊息。

如何結合多個圖表，展現隱藏在數據中的訊息？

>>> 用兩套圖表解決難題

適用於資訊分析

當一組資料中包含多種維度的資訊時，往往無法只靠一張圖表就能說明所有訊息。比方說，銷售數據中包含了時間、產品、通路、銷售人員、客戶、銷售數量、單價等欄位資訊，不同欄位的組合都有可能傳達出有用的訊息。

如果只要將所有的圖表羅列出來，一張說明完再說明下一張，事情就簡單多了。很可惜，這樣的情況只會出現在書本中的練習題，就如同你在前面的案例中看到的一樣，用一張圖表傳達簡單的訊息；真實的工作場景中，往往需要將多張圖表、甚至表格中發現的訊息，統整出最後的結論。

我們的難題是：

- 如何將多張表格與圖表整合在一起，傳達出清楚的訊息？
- 如何將多張圖表結合在一張圖表之中？

解決這兩個難題的聰明對策，就是運用兩套圖表來完成分析與表達的作用，以及繪製雙軸圖表來實踐多圖合一的成果。

聰明對策 1：高效工作者，懂得用兩套圖表解決問題

圖表的使用，可以分為兩種方式：看圖說故事、讓數據說話。（見 4-80）

最終可能是新問題所產出的圖表

將取得的數據直接畫成圖表，然後說明圖表中的訊息，這是「看圖說故事」的做法，也是多數人使用圖表的方式。好處是簡單快速，壞處是圖表很多時就無法提供整合性的資訊。怎麼辦呢？我們可以採取第二種使用圖表的方式，也就是「讓數據說話」的做法。

讓數據說話，不是由數據告訴我們有哪些訊息，而是帶著問題，由數據告訴我們問題的答案是什麼。如果不行，就去思考還需要什麼資料才能得到答案。在過程中，圖表的使用可以分為「分析用圖表」與「表達用圖表」兩種。

圖 4-80 │ 使用圖表的兩種方式

- **分析用圖表**：為了快速發現訊息；會盡可能的使用各式圖表，圖表美觀不是重點。
- **表達用圖表**：為了精準傳達訊息；選擇合適的圖表與運用視覺化法則，讓訊息更好的被接收與理解。

聰明對策 2：運用雙邊座標軸，結合兩種圖表類型在一張圖表中

圖 4-81 ｜利用雙邊座標軸來結合兩張不同類型的圖表

兩張不同的圖表類型，比方說：長條圖與折線圖，該如何結合在一張圖中呈現呢？可以利用雙邊座標軸做到，兩張圖表分別使用左、右兩側的座標縱軸。（見圖 4-81）

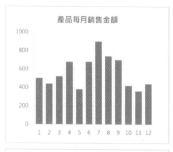

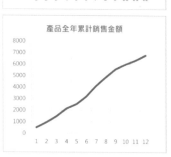

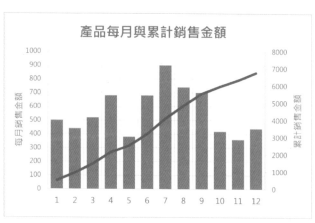

當圖表中的多組數據規模相差太大時，也可以利用雙邊座標軸的方式來呈現。但這麼做有可能因為座標軸比例的不同，而讓人誤以為這些數據之間有相同的變化趨勢，千萬要謹慎使用。（見圖 4-82）

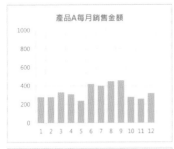

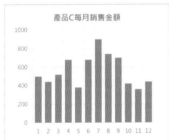

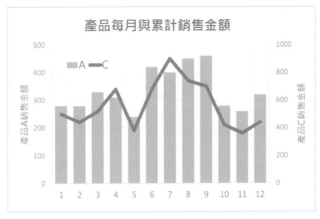

圖 4-82｜利用雙邊座標軸處理數據規模相差過大的問題

新書上市半年內，在各通路的銷售狀況

　　一本新書上市後，究竟銷售的狀況如何？在實體門市與線上通路的銷售比例又是如何？銷售的週期是穩定銷售、還是過了新書期就快速下滑？

　　這些都是出版社的行銷企畫需要掌握的資訊，目的是為了更精準的投入資源在行銷活動上。

　　下面這張表格是某新書上市後半年內在各通路的銷售數據，行銷企畫阿凱需要將這些數據繪製成圖表，提供主管作為後續行銷活動的規劃依據。（見圖4-83）

單位：銷售數量

書店名稱	累計	第一個月	第二個月	第三個月	第四個月	第五個月	第六個月
Amazon	354		120	89	70	40	35
博客來	156		69	60	17	5	5
誠品信義旗艦店	131		63	26	20	12	10
誠品網路書店	87		41	15	16	10	5
誠品台北車站捷運店	73		31	21	5	9	7
金石堂網路書店	68		29	21	6	7	3
誠品敦南店	57		20	11	5	7	4
誠品新竹巨城店	22		9	11	1		1
天瓏網路書店	21		8	9	2	2	
三民網路書店	20		7	10	1	2	
金石堂信義店	16	1	8	3	4		
金石堂新竹店	13	1	4	5	2	1	
誠品西門店	13		5	3	2	1	2
誠品美麗華店	9		3	3	2		1
合計	1028	2	417	287	153	96	73

圖 4-83 ｜ 新書在過去半年各通路的銷售狀況

　　那麼，阿凱該怎麼開始呢？我的建議是用各種資料維度與圖表類型都試試看，先觀察有哪些重要的訊息？

聰明對策：兩套圖表，分析用圖表找線索、表達用圖表展現訊息

阿凱最後整理了四張分析用圖表，也從中發現到一些訊息。（見圖 4-84）

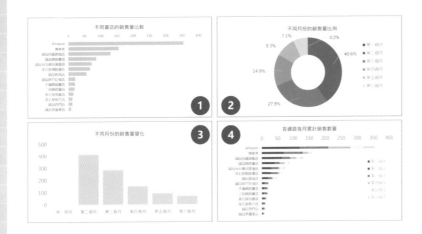

圖 4-84 ｜ 利用分析用圖表找出有用的訊息

由第一張圖表來看，各通路累計銷售量來看，賣得最好的是 Amazon，但是有多好？需要進一步確認這個數據。其次是博客來，但與 Amazon 有很大一段差距。整體來看，線上通路比實體門市的銷售量高出許多，但是比例上相差多少？也需要進一步確認數據。

從第二、第三張圖表來看，銷售量有逐月下滑的趨勢，而且第二、三個月的銷售量就占了近七成；但是為什麼第一個月的銷售量這麼少？需要進一步澄清。

第四張圖表中，與第一張圖表傳達出同樣的訊息；除此之外，看不出其他特別的訊息。

根據這些初步找出來的訊息，以及待釐清的資訊，阿凱將重新整理出了四張表達用圖表。（見圖 4-85、圖 4-86）

每三本就有一本是在Amazon賣出的

圖 4-85 │ 將現有資訊整理爲表達用圖表

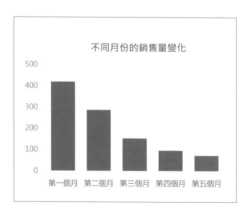

網路書店的銷量是實體書店的兩倍
其中又有一半是在Amazon賣出的

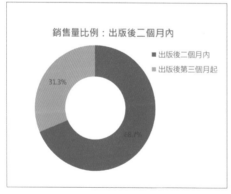

出版後二個月內的銷量約佔七成
書籍的銷量在「一開始」最關鍵

圖 4-86 │ 將現有資訊整理爲表達用圖表

這四張表達用圖表，其實傳達了兩個關鍵訊息：

- 網路通路的銷售量是實體通路的兩倍，其中Amazon就占了一半；換言之，每三本就有一本是由Amazon賣出的。
- 新書銷售在一開始是最關鍵的，出版後兩個月內的銷量就占半年總銷量的七成。

我們可以試著將這些關鍵訊息整合在同一個畫面中。（見圖4-87）

書籍的銷量在「一開始」最關鍵
每三本就有一本是在Amazon賣出的

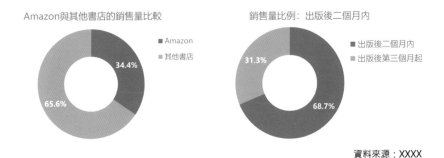

圖表 4-87 │ 將所有關鍵訊息整合在一個畫面中

因此，最後我們只需要透過一張投影片，就能清楚傳達重要的訊息。而這樣的一張標準圖表投影片中包含了六項元素：（見圖4-88）

① 帶有關鍵訊息的標題：將要傳達的訊息直接寫在標題中，一看就懂。

② 視覺化圖表：這是表達用圖表的主體。

③ 圖表說明：如果一個畫面中有多張圖表，就需要標示清楚每張圖表的意義。

④ 圖例：解讀圖表必須的元素；如果項目太多，可以考慮直接放置在圖表對應的區塊旁邊。

⑤ 單位：說明圖表中的數據是什麼單位，千萬不能忽略。

⑥ 資料來源：提供資料來源可以證明可信度，但過於久遠的資料可能會失去參考意義。

圖 4-88 │ 一張圖表投影片應該具備的六項元素

 案例重點提醒

1. 用兩套圖表來解決問題，分析用圖表找線索、表達用圖表呈現訊息。

2. 製作圖表投影片時，畫面上有六項元素是不可或缺的。

如何用圖表說出一個好故事？

>>> 用說服力公式幫助你聚焦

適用於需說故事的場景

即使做出了精準傳達訊息的圖表，也不代表一定能說服對方。

因為這關乎你如何去「使用」這些圖表？在面對面簡報的場景，你該如何言之有據、言之有理的說明這張圖表？如果是書面報告，你又該如何做出合乎邏輯、簡明扼要的論述？

想要用圖表來說服對方，不只是讓數據說話，更要懂得說一個好故事。如何做到？告訴你一個聰明對策，就是視覺化圖表的說服力公式。（見圖 4-89）

視覺化圖表的說服力公式

Point	Reason	Example	Point
結論	理由	實證	重申結論

圖 4-89｜視覺化圖表的說服力公式

在說明圖表時，可以依循說服力公式的四個步驟：

① 結論：一句話說出你的結論（歸納出的洞見）

② 理由：講明支持結論的理由（要傳達的訊息）

③ 實證：點出提出理由的根據（圖表上的資訊）

④ 重申結論：再次重申結論、喚起行動（要採取的行動）

接下來，我用一個案例讓你明白，如何使用說服力公式來說一個好故事？

 **案例 35**

延續前一個案例，如何用圖表說出一個好故事？

在前一個案例中，最終我們做出了一張圖表投影片，說明新書上市後半年內的銷售狀況與關鍵訊息。那麼，當阿凱要向主管說明這張投影片時，要如何說出一個簡明扼要、有說服力的好故事呢？

我們可以用說服力公式，來組織報告的內容鋪陳。而素材其實就在我們從分析用圖表轉換到表達用圖表的過程中。（見圖 4-90）

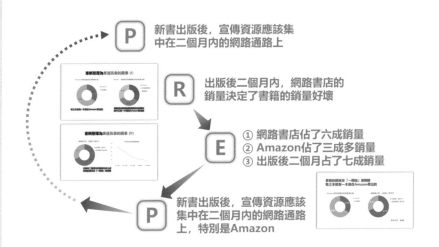

圖 4-90 ｜說服力公式中對應的內容素材

① 結論：一句話說出你的結論（歸納出的洞見）

「新書出版後，宣傳資源應該集中在二個月內的網路通路上。」

② 理由：講明支持結論的理由（要傳達的訊息）

「出版後二個月內，網路書店的銷量決定了書籍的銷量好壞。」

③ 實證：點出提出理由的根據（圖表上的資訊）

1.「網路書店占了六成銷量」

2.「Amazon 占了三成多銷量」

3.「出版後二個月占了七成銷量」

④ 重申結論：再次重申結論、喚起行動（要採取的行動）

「新書出版後，宣傳資源應該集中在二個月內的網路通路上，特別是 Amazon。」

將說服力公式的四個元素組裝起來，就是一個簡潔有力、言之有據的圖表說明了。（見圖 4-91）

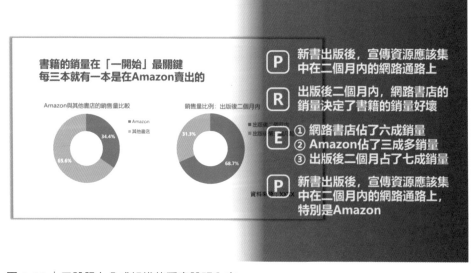

圖 4-91 ｜ 用說服力公式組織的圖表說明內容

CHAPTER 5

善用網路資源，
打造你專屬的素材庫

工欲善其事，必先利其器。

網路上有許多免費資源與素材，但是哪裡找？如何用？平時總能看到一堆的分享，真正需要使用時還是得從頭找起。原因無他，看到不等於是自己的，關鍵在於有沒有使用並管理。

在這本書的最後，我想與你分享一些素材資源與管理方法。不見得涵蓋所有的資源（事實上也不必要），但肯定都是我日常使用頻率最高的。希望這些內容可以讓你省下時間，專注在如何讓資料視覺化發揮更好的成效上，有效解決工作上的問題、展現個人的專業價值。

📋 本章教你

- ☑ 素材資源哪裡找？怎麼用？
- ☑ 數據資料哪裡找？建立你的搜尋策略
- ☑ 運用視覺法則，打造你專屬的素材庫

素材資源哪裡找？怎麼用？

>> 平常常用的資源在這裡

你需要的資料視覺化資源

我在第三章的難題 10 中，已經介紹了常用的圖片、圖示素材資源；除此之外，還有一些好用的資源，我將這些素材資源整理在下面的列表之中。

字型

- 思源字體（https://www.google.com/get/noto/#/family/noto-sans-hant）

  由 Adobe 與 Google 合作開發的免費中文字型。

  包含思源黑體（Noto Sans CJK TC）與思源宋體（Noto Serif CJK TC）。

- 思源黑體修改版｜日本自製字體工作室

  —思源真黑體（http://jikasei.me/font/genshin/）
  —思源柔黑體（http://jikasei.me/font/genjyuu/）

- 思源黑體修改版｜翰字鑄造

  —台北黑體（https://sites.google.com/view/jtfoundry/zh-tw/downloads）

- 思源宋體修改版｜日本網友自製（鋼彈、軍事風格）

  — 裝甲明朝（http://www.flopdesign.com/blog/font/5228/）

  — 源界明朝（https://www.flopdesign.com/blog/font/5146/）

- 微軟 Windows 內建字型

  — 微軟雅黑體（Microsoft YaHei）｜為簡體中文所設計的字型。

  — 微軟正黑體｜為繁體中文所設計的字型。

- 全字庫字型（https://data.gov.tw/dataset/5961）

  — 國家發展委員會可商用免費中文字型，包含正宋體、正楷體兩種。

- TanukiMagic（http://tanukifont.com/tanuki-permanent-marker/）

  — 麥克筆手繪 POP 日文漢字字型，套用到中文請注意缺字問題。

線上去背軟體

利用機器學習技術做到自動化去除圖片背景,速度快、效果也很理想。

- removal.ai(https://removal.ai/)
- slazzer(https://www.slazzer.com/)
- remove.bg(https://www.remove.bg/zh)

線上模型(Mockups)產生器

把想呈現的畫面,整合到圖庫相片特定裝置或範圍

- Mockup Photos(https://mockup.photos/)
  - —超過 1,570 個素材模型可以免費使用,主要分為數位(桌機、筆電、手機、平板或穿戴裝置等)和印刷(名片、海報、印刷品或畫框等)兩類型。

- MockDrop(https://mockdrop.io/)
  - —與 Mockup Photos 相似的線上軟體,不過所有操作都在使用者的瀏覽器進行,不會上傳相片,適合擔心安全性隱私問題的使用者。

線上視覺化圖表工具

- Chartblocks（https://www.chartblocks.com/en/）

  —線上圖表製作工具，免費版可將圖表匯出 PNG 格式，但會預設為「公開」並加上浮水印；付費版提供完整功能。

- PlotDB（https://plotdb.com/）

  —線上動態圖表製作工具，由台灣「資料視覺化」團隊開發，提供超過百種動態圖表樣式；只要上傳資料表格，就能套用樣式製作出吸睛且多樣化的圖表，不懂程式、不懂設計也能上手。

- Draw.io（https://app.diagrams.net/）

  —線上流程圖製作，提供範本、中文介面，支援 Dropbox 與 Google Drive 儲存。

- Pixel Map Generator（http://pixelmap.amcharts.com/）

  —製作簡約風的像素世界地圖。

- The Data Visualisation Catalogue（https://datavizcatalogue.com/index.html）

  —數據可視化的工具目錄，提供六十種圖表的介紹、案例與使用時機，以及可視化工具，支援中英文介面。

平台開放資源

- 國立故宮博物院 Open Data（https://theme.npm.edu.tw/opendata/）

  —主題涵蓋器物和書畫典藏，開放資料民眾無需申請、不限用途、不用付費，可使用於教學或商用。

- NASA Image and Video Library（https://images.nasa.gov/）

  —NASA 影音資料庫，可線上搜尋、查找 NASA 各種類型的素材。

- The British Library's Flickr（https://www.flickr.com/photos/britishlibrary/）

  —大英圖書館開放百萬張復古藝術圖片，提供免費下載再利用。

  —項目包括一系列插圖、設計或真正的老圖片，由館方數位研究團隊從超過六萬五千本的館藏書籍內擷取出來，年代橫跨 17 到 19 世紀。

- New York Public Library（https://digitalcollections.nypl.org/）

  —目前收錄超過六十萬筆由紐約公共圖書館收藏轉為數位化的項目，包括版畫、照片、地圖、手稿、串流影片等等，免費下載。

- MetPublications（https://www.metmuseum.org/）

  —美國大都會博物館將近五十年共 422 件出版品全面開放，開啟網站即可搜尋、檢索內容或下載 PDF 格式的電子書。

對於市場分析、行銷人員或是幕僚人員，在進行資料視覺化時最大的困擾，除了素材資源之外，就是如何取得數據資料。尤其是需要將內、外部資料整合繪製圖表時，如果公司沒有購買市調研究報告的習慣與預算，就必須花費很多時間在搜尋可信、可用的數據資料上。

過去我在擔任幕僚角色時，也需要負責產業分析、競爭資訊整合的職務，也因此建立起一套搜尋策略與數據資料庫，善用谷歌搜尋（Google Search）你也能建立你的搜尋策略。

拜谷歌強大的搜尋引擎所賜，得以用各種形式來搜尋網路上的各類資源，像是文字、語音與圖像搜尋。而我的搜尋策略，就是以文字、圖像搜尋為基礎。（見圖 5-1）

第一、二種策略：以文搜源、以文搜值，顧名思義就是透過「關鍵字」來搜尋相關的數據資料。

大多數的資料來源都是國外網站居多，所以能否找到對的英文關鍵字，就是更快找到資料的關鍵。比方說，尋找營收、出貨量該用什麼關鍵字？

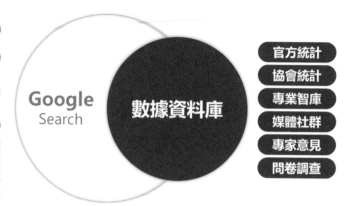

以文搜源

以文搜值
• 關鍵字
• 進階搜尋

以文搜圖
• 以圖搜圖
• 以圖搜文
• 以圖搜源
• 以圖搜值

Google
Search

數據資料庫

官方統計
協會統計
專業智庫
媒體社群
專家意見
問卷調查

圖 5-1 | 以 Google Search 打造個人的搜尋策略

如果你有經驗，就能很快地回答出「revenue」與「unit shipments；unit sales」這些關鍵字；但對於剛進入職場或不熟悉相關領域的人來說，可能就不得其門而入。

所以，懂得蒐集相關的關鍵字，是建立個人搜尋策略很重要的基礎工作。除了一般常使用的關鍵字搜尋之外，其實還有一些好用但少有人知道的進階搜尋技巧：

① 特定檔案格式的搜尋【關鍵字 filetype: 檔案格式】，比方說【視覺化 filetype:pdf】會找出所有 pdf 格式的檔案內容。

② 排除特定關鍵字【關鍵字 - 希望排除關鍵字】，比方說【視覺化 - 廣告】會將與廣告有關的內容都濾除掉。

③ 需要完整搜尋輸入的關鍵詞【"關鍵字"】，比方說【"資料視覺化"】只會搜尋包含這五個關鍵字的內容，而不會出現「資料」或「視覺化」等斷字後的搜尋結果。

以上是我常用的進階搜尋功能，如果你想知道更多、更完整的功能，不妨搜尋「google 進階搜尋功能」就能找到不少文章介紹。

第三種策略：以文搜圖，就是以文字來蒐集相關的圖片。

透過圖片搜尋的功能，我們可以利用關鍵字來搜尋相關的圖片，然後再由這些圖片中的資訊，再間接找到對應的文章出處、資料來源，甚至是用圖片上的比例尺還原出近似的數據。

接下來，我用一個案例說明，我想你會更清楚。

找出歷年 iPhone 銷售量數據

如果現在要你找出歷年 iPhone 的銷售量數據，你會如何開始？

有經驗的老手，會先從蘋果公司的財報開始著手，因為那是最可靠的數據資料，但可能沒有；然後是調查權威性的市調報告、或是打電話詢問分析師。但如果是像你我一樣平凡的上班族，可能只能透過谷歌搜尋了。

幸好，我知道銷售量可以用「unit sales」這個關鍵字來搜尋。

於是我用「iPhone unit sales」這幾個關鍵字來搜尋，在我輸入這些關鍵字時，下方也會出現許多推薦的搜尋關鍵字，不妨將這些關鍵字記下來。（見圖 5-2）

圖 5-2 ┃輸入關鍵字
時會自動帶出相關的
推薦關鍵字

　　當我決定用輸入的關鍵字搜尋後，在最下方也同樣會出現這些推薦關鍵字。（見圖 5-3）

圖 5-3 ┃搜尋結果最
下方會出現推薦關鍵
字組合

　　我決定用其中一個推薦關鍵字組合來搜尋圖片，出現了許多圖片可以參考。於是我點擊了第一張圖片，在這張圖表

中露透了兩個關鍵線索，一個是數據來源、另一個是標題的
寫法。（見圖 5-4）

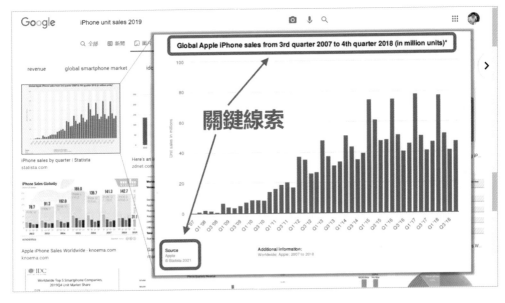

圖 5-4｜搜尋結果的
圖片中透露的關鍵線
索

標題的寫法，不僅可以當作以後搜尋的依據，也能做為
我們在撰寫英文報告時的參考。而數據的來源，可以讓我們
知道要到哪個網站或平台可以找到更多相關的數據資料。

所以，現在我知道了可以到「Statista」這個網站找到相
關的數據，事實上這裡還提供了很多不同產業的統計數據。
另外，它引用的數據是來自於蘋果公司的財報，為了保險起
見，我習慣會拿蘋果公司的財報，或是在多搜尋幾個不同的
來源來比對正確性。

這是一個經驗提醒：千萬不要只參考單一來源的數據
資料。

整理專屬的關鍵字庫與數據資料庫

為了讓往後的數據搜尋更有效率，我會整理出專屬的關鍵字庫與數據資料庫。

以我過去服務的半導體產業為例，可以將搜尋關鍵字簡單分為五大類。（見圖 5-5）

搜尋策略–以半導體產業為例

▍ **產業關鍵字：** Semiconductor, Memory, NOR, NAND, DRAM, Wafer, Fab, Packing, Testing, etc.

▍ **應用關鍵字：** Computing, Communication, Consumer, Automotive, Industrial, IoT, Wearable, Smartphone, AI, AR, VR, etc.

▍ **指標關鍵字：** Growth, Market Share, Revenue, Unit Shipments, Unit Sales, Trend, Margin, Penetration Rate, etc.

▍ **行銷關鍵字：** Roadmap, STP, 4P, 4C, BCG, SWOT, Pricing, etc.

▍ **企業關鍵字：** TSMC, Foxconn, Samsung, Intel, Apple, etc.

圖 5-5｜半導體產業的關鍵字庫

另一個，則是我整理的半導體數據資料庫。（見圖 5-6）

資源整合–以半導體產業為例

▍ **官方統計：** 國際貨幣基金組織(IMF), 公司財報, 行政院主計處, 中華民國統計資訊網, 財政部, 國發會, etc.

▍ **協會統計：** 同業公會(壽險/證券/醫師/銀行), WSTS, TAVAR, etc.

▍ **專業智庫：** Gartner, IHS, Semico Research, DRAMeXchange, TRI, IEK, ITIC, MIC, Semiconductor Intelligence, etc.

▍ **媒體社群：** 日經技術在線, 科技產業技術室, 鉅亨網, 數位時代, 華爾街日報, EETIMES, DIGITIMES, etc.

▍ **專家意見：** 會議討論, 腦力激盪, 德爾菲法, etc.

圖 5-6｜半導體產業的數據資料庫

在這個數據資料庫中，愈往上面的來源具有較高的公信力，發布時間也相對比較穩定；而愈下方的來源，像是媒體社群、專家意見，則是能反應市場的即時消息，但完整度與可信度則需要進一步商榷。

3 運用視覺法則，打造你的專屬素材庫

>>> 有效管理素材，也就省下了時間

資料夾管理   # 檔案管理

　　說到視覺化的素材，在每次花費許多時間搜尋與使用後，你會如何處理呢？把它全部存在一個資料夾中、還是分門別類存放？或者，用完即丟、下次再找？

　　其實，如果有效管理這些素材，就能省下之後再次搜尋的時間。我們都希望學習更好的技巧，來提升資料視覺化或內容製作的效能與效率，但很多時候光是減少重工、重做，就可以省下將近一半的時間，這是我多年來感受最明顯的體驗。（見圖 5-7）

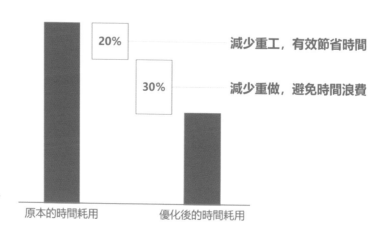

圖 5-7 │ 減少重工、重做，就能有效提升效能與效率

（圖中標示）
20%　減少重工，有效節省時間
30%　減少重做，避免時間浪費
原本的時間耗用　　優化後的時間耗用

那麼，應該怎麼做呢？

打造專屬的素材庫，同時運用視覺法則來優化素材庫的
管理，將素材庫「視覺化」來實現更好的溝通成效、活用這
些素材。

① 層次感：透過為資料夾、檔案命名來創造層次感。

② 結構化：以好管理、容易找的觀點，來思考素材庫的
架構設計。

③ 視覺化：用視覺化方式建立索引地圖，提升使用效能
與效率。

資料夾、檔案的命名方式：創造層次感

資料夾的命名，我通常會採用【編碼 - 名稱】的方式，
比方說：

- 【01- 圖片】
- 【02- 圖示】
- 【03- 圖表】
- 【04- 圖解】

比起英文字母，使用數字來編碼更為直觀；而且我會使
用兩位數編碼，來確保排序上的正確性與視覺上的對稱性。

至於素材檔案的命名，則是採用【[日期][名稱][類型][關鍵字一][關鍵字二][關鍵字三].副檔名】的形式，比方說：

- [2021-01-01][無限賽局][圖解][全息圖][閱讀].jpg
- [2021-01-03][反脆弱][圖解][全息圖][閱讀][聽讀商業書選].jpg
- [2021-01-07][蘋果公司的安索夫矩陣][圖解][案例].jpg
- [2021-01-15][賽門‧西奈克][圖示][人像].jpg

在命名中的[類型]我會事先設定幾個常用的分類，比方說圖片、圖示、圖表、圖解或簡報等，如果不夠再擴增就好，但盡可能控制在十個分類以內，或者建立一張命名檢索表以供查詢。

至於[關鍵字]的部分，我會控制在最多不超過三個的條件下，設定一些日後方便我搜尋的關鍵字，也可以完全不設定關鍵字。

這樣的命名方式有兩個好處，一個是便於排序，另一個是便於利用關鍵字搜尋。

素材庫的架構設計：建立結構性

素材庫的架構，基本上就是樹狀圖的概念。

比方說，在【01-圖片】這個資料夾下，可以再建立【01-人物】、【02-風景】、【03-建築】與【04-動物】等資料夾，

在【01-人物】資料夾下可以再建立【01-生活】、【02-職場】等不同資料夾，以此類推。

樹狀圖的特性同樣適用這裡，當分支愈多、層級愈多，就會使得後續管理上變得更複雜。

但是，我們可能會遇到一個問題：在【03-建築】的資料夾下，也可能會需要【01-生活】、【02-職場】的資料夾。如果個別建立相同名稱的資料夾，會造成日後管理上的困擾，但又不希望在兩邊都放置同樣的素材內容，該怎麼辦？

這時候，就是利用文氏圖的概念，讓兩邊的資料夾允許交集的情況發生。（見圖5-8）

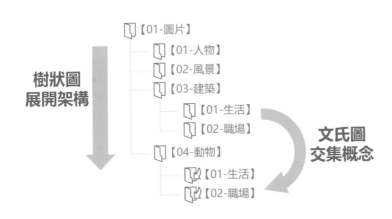

圖 5-8 ｜素材庫的架構設計與管理

我們可以將在【01-人物】資料夾下的【01-生活】與【02-職場】資料夾，在【03-建築】資料夾下建立捷徑。如此一來，等於【01-人物】與【03-建築】資料夾可以共用這兩個子資料夾。之後不論我們修改哪一邊的資料夾內容，都會同步變動。

結構化的架構設計，加上有彈性的共用資料夾，就能讓素材庫便於管理與查詢。

建立索引地圖：提升視覺化

圖片或圖示的素材，可以透過圖示檢視的方式一目了然。（見圖 5-9）

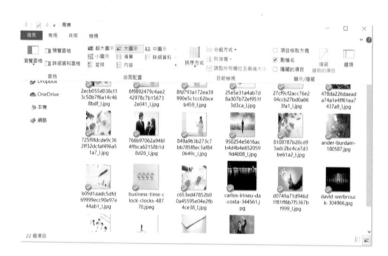

圖 5-9｜運用圖示檢視來瀏覽圖片或圖示類型的素材

但是像資源網站這類的素材，除了網頁書籤的方式，能不能可以用更直觀的方式來應用呢？我的做法是，把這些素材整理成一份簡報，並且附有連結。既方便使用，也能分享給其他人。（圖 5-10）

Image	Icon	Color	Template	Learn
Font	Chart	Database	Tool	

然後因應每一種類型的素材資源，我都會整理成條列的形式當作檢索地圖。（見圖 5-11）

圖 5-10 ｜ 九大類型的資源素材整理

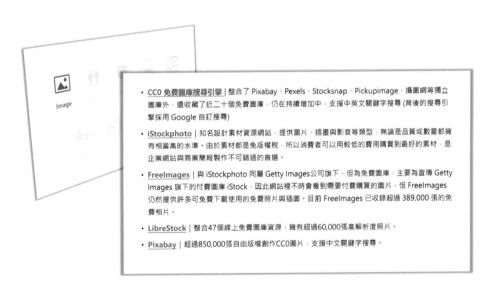

Image

- **CC0 免費圖庫搜尋引擎**｜整合了 Pixabay、Pexels、Stocksnap、Pickupimage、攝圖網等獨立圖庫外，還收藏了近二十個免費圖庫，仍在持續增加中，支援中英文關鍵字搜尋 (背後的搜尋引擎採用 Google 自訂搜尋)
- **iStockphoto**｜知名設計素材資源網站，提供圖片、插畫與影音等類型，無論是品質或數量都擁有相當高的水準。由於素材都是免版權稅，所以消費者可以較低的費用購買到最好的素材，是企業網站與商業簡報製作不可錯過的首選。
- **FreeImages**｜與 iStockphoto 同屬 Getty Images公司旗下，但為免費圖庫，主要為宣傳 Getty Images 旗下的付費圖庫 iStock，因此網站裡不時會看到需要付費購買的圖片，但 FreeImages 仍然提供許多可免費下載使用的免費照片與插圖。目前 FreeImages 已收錄超過 389,000 張的免費相片。
- **LibreStock**｜整合47個線上免費圖庫資源，擁有超過60,000張高解析度照片。
- **Pixabay**｜超過850,000張自由版權創作CC0圖片，支援中文關鍵字搜尋。

這樣做的好處是：送人、自用兩相宜。而且加上簡短的說明，也會在使用時更清楚這些素材的使用時機、獨特性等資訊。

圖 5-11 ｜ 素材資源的條列檢索地圖

20 道資料視覺化難題全解析

[JOB]
[010]

提案、簡報、圖表、讓數據說話、35 個案例現學現套用，
將訊息植入對方心智，讓大家都聽你的！

作者	劉奕酉
書籍策劃	魏珮丞
封面設計	兒日設計
排版	JAYSTUDIO
總編輯	魏珮丞
出版	新樂園出版／遠足文化事業股份有限公司
發行	遠足文化事業股份有限公司（讀書共和國出版集團）
地址	新北市（231）新店區民權路 108-2 號 9 樓
郵撥帳號	19504465 遠足文化事業股份有限公司
電話	(02)2218-1417
客服信箱	nutopia@bookrep.com.tw
法律顧問	華洋法律事務所　蘇文生律師
印製	呈靖印刷
初版一刷	2021 年 05 月 12 日
初版三刷	2024 年 01 月 05 日
定價	460 元
ISBN	978-986-99060-7-4
書號	1XJO0010

特別聲明：
有關本書中的言論內容，不代表本公司／出版集團的立場及意見，由作者自行承擔文責。

國家圖書館出版品預行編目 (CIP) 資料

20 道資料視覺化難題全解析：提案、簡報、圖表、讓數據說話、35 個案
例現學現套用，將訊息植入對方心智，讓大家都聽你的！
劉奕酉著 ── 初版 ── 新北市：新樂園出版：遠足文化發行，2021.05
304 面；17 × 22 公分 ── (Job；10)

ISBN 978-986-99060-7-4（平裝）

1. 簡報

494.6   110005868